Uwe Hartmann

Süßwasserfische

entdecken und erkennen

Herausgegeben von Gunter Steinbach

179 Zeichnungen
170 Verbreitungskarten

Ulmer

Inhalt

Ordnung Neunaugen
Familie Neunaugen » S. 14
- Saugmaul
- 7 Kiemenöffnungen
- keine paarigen Flossen

Ordnung Störartige
Familie Störe » S. 22
- Knochenschilde in 5 Längsreihen
- Schnauze sehr lang, Maul stark unterständig
- Schwanzflosse asymmetrisch

Ordnung Aalartige
Familie Aale » S. 30
- Flossensaum durchgehend
- Bauchflossen fehlend
- Maul oberständig, fein bezahnt

Ordnung Heringsfische
Familie Heringe » S. 30
- Schuppen dünn
- Seitenlinie nicht sichtbar
- Bauchschuppen bilden Kiel

Ordnung Lachsfische
Familie Lachse » S. 36
- Schuppen klein
- Zähne kräftig
- Fettflosse

Familie Renken, Felchen, Maränen » S. 48
- Schuppen mittelgroß
- Mundspalte eng, Zähne klein oder rückgebildet
- Fettflosse

Familie Äschen » S. 56
- Rückenflosse groß
- Mundspalte eng
- Fettflosse

Familie Stinte » S. 56
- Körper durchscheinend, Seitenlinie unvollständig
- Maul oberständig, kräftig bezahnt
- Fettflosse

Familie Hundsfische » S. 58
- Schuppen groß
- Flossen abgerundet
- Rückenflosse nach hinten verschoben

Ordnung Lachsfische

Familie Hechte » S. 60

- Kopf lang
- Maul entenschnabelartig, stark bezahnt
- Rückenflosse weit hinten

Ordnung Karpfenfische

Familie Weißfische » S. 60

- Barteln nicht vorhanden oder nur zu 1–2 Paaren
- Zähne fehlend
- Schwanzflosse mehr oder weniger gegabelt

Familien Bartgrundeln und Schmerlen » S. 130

- 6 oder 10 Barteln am Maul
- Maul meist unterständig
- Schuppen rückgebildet, schlecht sichtbar

Ordnung Welsartige

Familie Katzenwelse » S. 140

- 8 Barteln am breiten Maul
- 1. Strahl der Rücken- und Brustflossen verknöchert
- Fettflosse

Familie Echte Welse » S. 142

- 4 oder 6 Barteln am breiten Maul
- Rückenflosse sehr klein
- Afterflosse sehr lang

Ordnung Dorschartige

Familie Dorsche » S. 144

- 1 Bartel mitten am Kinn
- Bauchflossen kehlständig
- 2 Rückenflossen

Ordnung Zahnkärpflinge

Familien Eierlegende Valenciazahnkärpflinge und Eierlegende Zahnkärpflinge » S. 144

- Maul oberständig, feine spitze Zähne
- Schuppen groß, Seitenlinie fehlend
- Rückenflosse nach hinten verschoben

Familie Lebendgebärende Zahnkärpflinge » S. 148

- Maul oberständig, fein bezahnt
- Schwanzstiel lang
- 3.–5. Flossenstrahl der Afterflosse beim ♂ zu einem Begattungsorgan verlängert

Ordnung Ährenfischartige

Familie Ährenfische » S. 148

- 2 kurze, weit getrennte Rückenflossen
- Schuppen groß und zerbrechlich
- Seitenlinie fehlend, silberglänzendes Längsband

Ordnung Stichlingsartige

Familie Stichlinge » S. 150

- 1. Rückenflosse aus 2–18 einzeln stehenden Stacheln
- Bauchflosse mit starkem Stachelstrahl
- 0–35 Knochenplatten in einer Längsreihe, keine Schuppen

Ordnung Barschfische

Familie Echte Barsche » S. 152

- Maul groß und dicht bezahnt
- Schuppen klein, festsitzend, am freien Ende gezackt
- 1. Rückenflosse nur mit Stachelstrahlen

Familie Sonnenbarsche » S. 164

- Kopf und Augen groß
- Rückenflosse ungeteilt, vorn niedriger als hinten
- Rückenflosse im vorderen Teil mit Stachelstrahlen

Familie Buntbarsche » S. 166

- Rückenflosse groß und durchgehend
- nur eine Nasenöffnung auf jeder Seite
- Seitenlinie unterbrochen, vorn höher als hinten

Familie Schleimfische » S. 168

- Rückenflosse reicht vom Kopf bis zum Schwanz
- Haut schuppenlos und sehr schleimig
- kurze, verzweigte Hautfäden über den Augen

Familie Grundeln » S. 168

- 2 gut entwickelte Rückenflossen
- Bauchflossen zu einer Haftscheibe verwachsen
- Seitenlinie unvollständig oder fehlend

Ordnung Drachenkopfartige

Familie Groppen » S. 178

- Körper keulenförmig
- 2 Rückenflossen, die erste mit Stachelstrahlen
- Schuppen fehlend

Ordnung Plattfische

Familie Schollen » S. 182

- Körper stark abgeplattet
- Augen auf einer Körperseite
- Augenseite dunkel pigmentiert, Blindseite meist weiß

Wichtige Fachbegriffe

allochton nicht heimisch

anadrom aus dem Meer als Fraßgebiet zum Laichen ins Süßwasser wandernd

Anflugnahrung Insekten, die an der Wasseroberfläche von Fischen geschnappt werden

Aquakultur profitorientierte Fischvermehrung und Mästung unter kontrollierten Bedingungen, z. B. in Teichen oder Becken

Äschenregion Abschnitt zwischen Ober- und Mittellauf von Fließgewässern, in dem oft die Äsche in hoher Bestandsdichte als Leitfischart vorkommt

Ästuar trichterförmig erweiterte Flussmündung, oft gezeitenbeeinflusst

autochton heimisch

Barbenregion Abschnitt im Mittellauf von Fließgewässern, in dem oft die Barbe in hoher Bestandsdichte als Leitfischart vorkommt

Barteln fadenförmige Tast- und Geschmacksorgane im Bereich des Fischmauls, z. B. bei den Welsen

Besatz Fische, die gezielt in ein Gewässer eingesetzt werden

Brassenregion Abschnitt im Unterlauf von Fließgewässern, in dem oft der Brassen in hoher Bestandsdichte als Leitfischart vorkommt

Bürstenzähne ▽ dicht beieinander stehende Zähne von Raubfischen

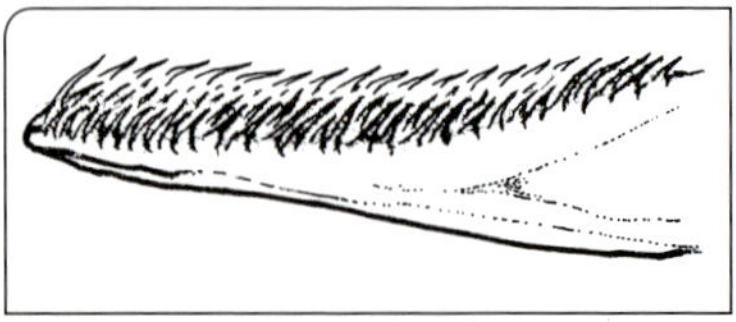

Bürstenzähne im Unterkiefer (Wels)

Detritus feine, meist tierische und pflanzliche Sink- und Schwebstoffe

Eutrophierung aufgrund gesteigerter Verfügbarkeit von Nährstoffen eintretende verstärkte Produktion pflanzlicher Biomasse im Gewässer

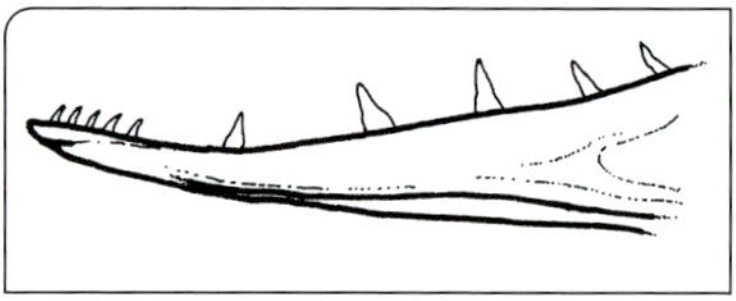

Fangzähne im Unterkiefer (Hecht)

Fangzähne △ einzelne, stark ausgeprägte Zähne von Raubfischen

Fettflosse strahlenlose, kleine Flosse zwischen Rücken- und Schwanzflosse

FFH-Richtlinie **F**auna-**F**lora-**H**abitat-Richtlinie; Naturschutz-Richtlinie der Europäischen Union zur Erhaltung natürlicher Lebensräume und wildlebender Tiere und Pflanzen (⇨ S. 188)

Flossenformel Anzahl (Spannweite) der Flossenstrahlen (Hart- und Weichstrahlen), welche die genannte Flosse stützen, als zählbares Kennzeichen der Fischart. Einige Flossenformeln beinhalten nicht alle Flossen, sondern nur die für die Artbestimmung wichtigen

Stachelstrahlen und Gliederstrahlen (Sonnenbarsch)

Flossenstrahl Stützorgan der Flosse, als Stachelstrahl verknöchert, spitz, ohne Querteilung, als Gliederstrahl weich oder schwach verknöchert, spitz oder längsgeteilt, immer quergeteilt

Forellenregion Oberlauf von Fließgewässern, in dem oft die Forelle in hoher Bestandsdichte als Leitfischart lebt

Freiwasser-Gesteinlaicher entlassen ihre Eier ins freie Wasser; absinkend bleiben diese in Kies- und Steinlücken liegen, klebrige Eier haften am Gestein

Freiwasserlaicher entlassen ihre Eier ins freie Wasser

Fried- und Raubfisch Fischart, die sich in etwa gleichem Umfang von wirbellosen Tieren und Fischen ernährt

Friedfische ernähren sich vor allem von wirbellosen Tieren bzw. Pflanzen

Gesteinlaicher legen ihre Eier auf Steinen oder Kies ab

heterozerk Bezeichnung asymmetrischer Schwanzflossen, z. B. bei Stören

Höhlenlaicher verstecken ihre Eier in einer Höhle

Homothermie Wärmegleichheit, in Seen gleich warmes Wasser nach vom Wind verursachter Durchmischung

homozerk Bezeichnung symmetrischer Schwanzflossen, wie bei den weitaus meisten Süßwasserfischen

indifferent nicht speziell an fließende oder stehende Gewässer angepasst

Kammschuppe vom Zander

Kammschuppen △ Schuppen mit kleinen Dornen am Hinterrand

katadrom aus dem Süßwasser als Fraßgebiet zum Laichen ins Meer wandernd

Kaulbarsch-Flunder-Region Flussmündungsbereich, in dem oft der Kaulbarsch und die Flunder in hohen Bestandsdichten als Leitfischarten vorkommen

Kiel scharfer Grat aus geknickten Schuppen am Bauch mancher Arten

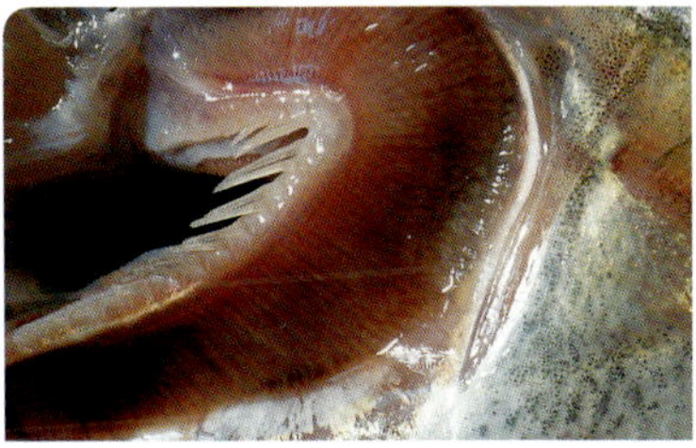

Kiemenreusendornen (weiß) beim Flussbarsch

Kiemenreusendornen (Krd) △ Fortsätze an der Innenseite der knorpeligen Kiemenbögen; zur Artunterscheidung wird in der Regel die Anzahl der Krd auf dem 1. Kiemenbogen herangezogen

Kiesgrubenlaicher vergraben oder verstecken ihre Eier zwischen Kieselsteinen in einer selbst gebauten Kiesgrube

Kieslaicher legen ihre Eier auf Kies ab

Laich abgelegte Eier △ vom Flussbarsch

Laichausschlag warzige, weißliche Knötchen am Vorderkörper zur Laichzeit

Laichhaken hakenförmige Verformung des Unterkiefers geschlechtsreifer männlicher Salmoniden (aus der Familie der Lachse) zur Laichzeit

Laichwanderung Wanderung aus dem Fraß- ins Laichgebiet zum Laichen

lakustrisch in Seen lebend

Larve Entwicklungsstadium zwischen Ei und vollständig ausgebildetem Tier ▽

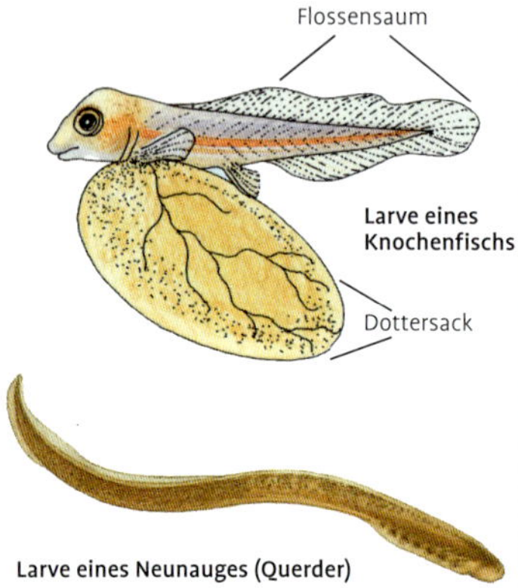

Lebendgebärer bringen nach innerer Befruchtung und Entwicklung der Eier bis zum Schlupf lebende Junge zur Welt

limnophil stehendes, ruhiges Wasser liebend

Maulöffnung *endständig:* beide Kiefer gleich lang, *oberständig:* Unterkiefer länger als Oberkiefer, *unterständig:* Oberkiefer länger als Unterkiefer ▷

Metamorphose Verwandlung, die Entwicklung vom Ei zum geschlechtsreifen Tier über gesondert gestaltete, selbstständige Larvenstadien

Milch die Samenzellen enthaltendes, männliches Geschlechtsprodukt

Muschellaicher legen ihre Eier durch eine Legeröhre in Muscheln hinein, z. B. Bitterling ▷

Nest-Kiesgrubenlaicher graben ihre Eier in einem selbst gebauten Nest zwischen Kieselsteinen ein

Nestlaicher legen ihre Eier in ein selbst gebautes Nest

Nest-Pflanzenlaicher kleben ihre Eier in einem selbst gebauten Nest an pflanzlichem Material an

Pflanzen-Gesteinlaicher legen ihre Eier auf Pflanzen, Kies oder Steine

Pflanzen-Gestein-Sandlaicher kleben ihre Eier an Pflanzen, Steinen, Kies oder Sand an

Pflanzenlaicher kleben ihre Eier an Pflanzen

Pflanzen-Steinlaicher legen ihre Eier auf Pflanzen oder Steinen ab

pH-Wert saures Wasser hat pH-Werte unter, alkalisches Wasser über 7

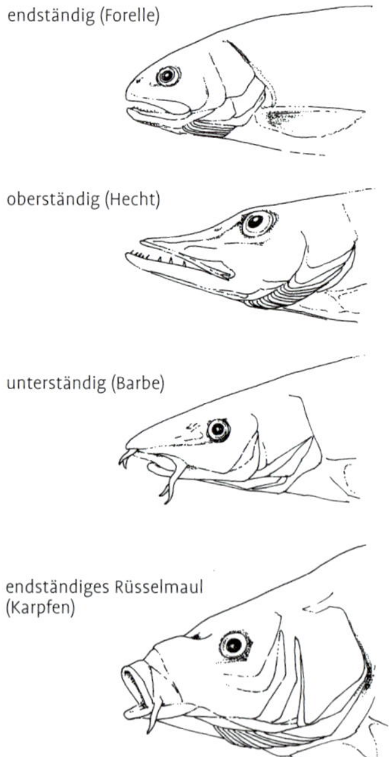

Maulöffnungen

Querder Larven der Neunaugen
Raubfische fressen vor allem Fische
rheophil Fließgewässer liebend
Rundschuppen ▷ haben einen glatten Hinterrand und konzentrische Ringe

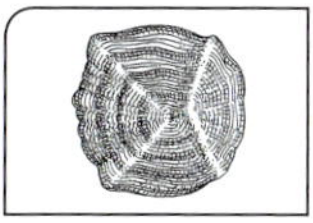

Sand-Gesteinlaicher legen ihre Eier auf Sand, Kies oder Steinen ab, **Sandlaicher** nur auf Sand

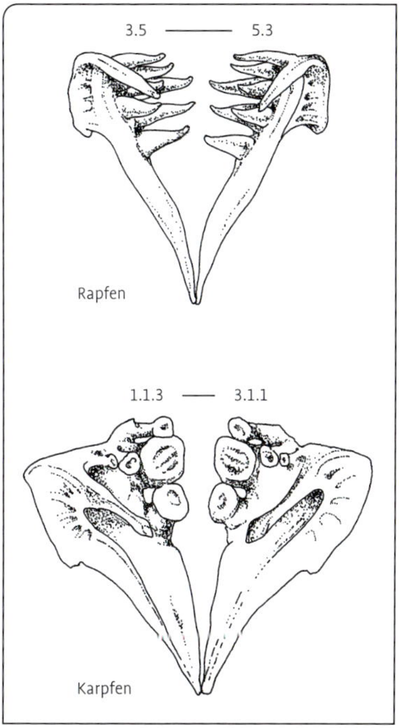

Schlundzähne △ zahnartige Gebilde auf dem 5. Kiemenbogen am unteren Schlundknochen bei Karpfenfischen
Schlundzahnformel Zahl und Anordnung der Schlundzähne von beiden unteren Schlundknochen, die in einer (4-4; z. B. Karausche), zwei (3.5-5.3; z. B. Rapfen) oder drei Reihen (1.1.3-3.1.1; z. B. Karpfen) angeordnet sein können, als Kennzeichen für die Fischart

Seitenlinie beim Rotauge

Seitenlinie △Längsreihe von Poren in der Haut oder von durchlöcherten Schuppen
Sprungschicht Wasserschicht zwischen Oberflächen- und Tiefenwasser (See)
stationär dauernd im Süß- oder Salzwasser bleibend
Steinlaicher kleben ihre Eier auf Steine
Vomer ▽ verschieden bezahnter Knochen (Pflugscharbein) in der Mitte des Gaumens bei Lachsfischen u. a.

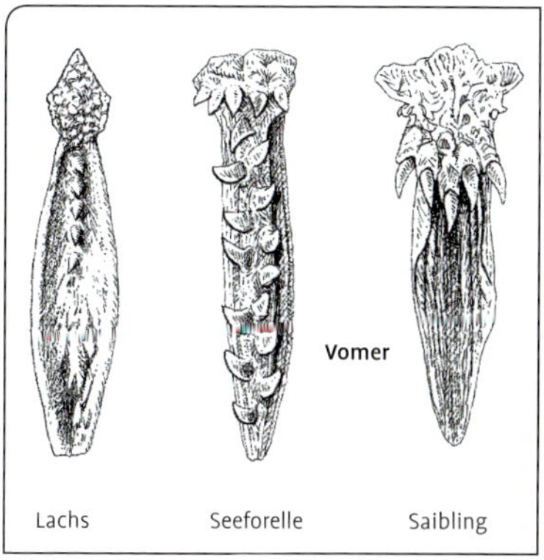

Der Fisch im Wasser

Reißende Bäche, mächtige Ströme, Kanäle, Weiher, Seen – überall in diesen Fließ- und Stillgewässern leben Süßwasserfische. Doch die Fischarten sind nicht gleichmäßig in ihnen verteilt.

Je nach Gewässer wechselt die Zusammensetzung der Fischarten, und auch ihre Bestände verändern sich. Das liegt an den unterschiedlichen Lebensbedingungen der jeweiligen Wasserlebensräume. Nach Leitfischarten lassen sich die Fließgewässer in charakteristische Fischregionen unterteilen und die Stillgewässer bestimmten Seentypen zuordnen.

Fische in Gebirgsbächen ...

Wandern wir entlang eines Fließgewässers von der Quelle bis zur Mündung ins Meer. Wir beginnen oben in den Bergen, wo das zusammenfließende Gebirgsschmelzwasser und grundwassergespeiste Quellen die **Forellenregion** des Baches bilden. In diesem gefällereichen Flussabschnitt ist das Wasser klar und kühl. In schmalem Bett strömt es schnell über Stein- und Kiesgrund hinweg. Die Forelle und ihre charakteristischen Begleitfischarten wie Bachneunauge, Bachschmerle, Elritze und Groppe sind an diese Lebensraumbedingungen optimal angepasst.

Wandern wir nun weiter den Bach hinunter. Durch Vereinigung mit Seitenbächen wird er zum kleinen Fluss. Das Wasser ist immer noch kühl, doch mit abnehmendem Gefälle fließt es langsamer über den kiesigen und sandigen Grund, auf dem nun auch Wasserpflanzen Fuß

Äschenregion

Kaulbarsch-Flunder-Region

fassen können. Wir befinden uns in der **Äschenregion**. Neben der Äsche als Leitfischart und Arten der Forellenregion leben hier Döbel, Nase, Gründling, Hasel und Schneider.
In der anschließenden **Barbenregion** ist der Fluss noch breiter und tiefer geworden. Auch wird es an seinen Rändern grüner. Schlamm lagert sich dort ab, und immer mehr Wasserpflanzen siedeln sich an. Den Lachsfischen ist das langsam fließende Wasser im Sommer schon zu warm, stattdessen dominieren nun die Karpfenfische. Die Barbe als Leitfischart wird typischerweise von Rapfen, Plötze, Aland und Ukelei begleitet.

... in Flachlandflüssen ...

Wenn wir auf unserer Wanderung ins Flachland gelangen, ist der Fluss abermals breiter geworden und strömt nur noch träge dahin. Nun befinden wir uns in der **Brassenregion**. Die fast gleichmäßig trüben, über Sand- und Schlammgrund fließenden Wassermassen wärmen sich im Sommer merklich auf. Neben dem Brassen fühlen sich hier auch Güster, Zope, Aland, Plötze, Flussbarsch und Zander wohl, sowie der weit verbreitete Aal.
Bevor der Strom ins Meer mündet, breitet sich vor uns die **Kaulbarsch-Flunder-Region** aus. Die Gezeiten durchmischen das Flusswasser mit dem salzigen Meerwasser. Die Fische, die hier leben, müssen mit dem Brackwasser zurechtkommen. Neben den Leitfischarten Kaulbarsch und Flunder gelingt dies nur wenigen Arten wie Seestint, Dreistachligem Stichling und Aal.

... und in Seen

Ebenso wie Fließgewässer bieten auch Seen den Süßwasserfischen unterschiedliche Lebensbedingungen. In den Tiefen der klaren und kalten Gebirgsseen mit ihrem nährstoffarmen, aber sauerstoffreichen Wasser lebt der Saibling. In einigen **Saibling-Seen** ist er die einzige Fischart, in anderen wird er von Elritze, Groppe und Quappe begleitet. In den etwas wärmeren **Maränen-Seen** beherrschen Felchen, Renken, Große und Kleine Maräne das freie Wasser. Anders sieht es zum Beispiel in den flachen **Hecht-Schlei-Seen** aus, vor allem wenn sie sehr krautreich sind. Rotfeder, Plötze und Karausche verstecken sich hier im Pflanzendickicht, während Schleien im knietiefen Wasser nach Nahrung suchen. Und allesamt sind sie auf der Hut vor dem Hecht, der in jeder Deckung lauern kann.

Hecht Schlei-See

Süßwasserfische beobachten

Fische können Sie auf verschiedenste Weise entdecken: indem Sie einfach nur beobachten, Ihre Kinder mit dem Kescher auf die Jagd schicken oder es selber mit der Angel versuchen.

Fische mögen's **sanft**

Fische sind äußerst empfindlich gegen **Bodenerschütterungen** und Wechsel der **Lichtintensität.** Wer sie beobachten will, muss leicht auftreten und vermeiden, dass der eigene Schatten aufs Wasser fällt. Vorsicht auch beim Hinzeigen: Manche Arten reagieren schon auf hastige Bewegungen mit Flucht. Statt am Gewässerrand entlangzupirschen, können Sie sich bäuchlings auf einen **Steg** legen und ins Wasser schauen. Noch ein Stück näher sind Sie Ihren Beobachtungsobjekten, wenn Sie sich in einem **Boot** einfach treiben lassen.

Entdeckt! Ein Erlebnis für Groß und Klein.

Sofern das Wasser klar genug ist und Ihr Auge den Grund scharf erkennt, haben Sie die Schwierigkeiten bei der Beobachtung frei lebender Wassertiere fast überwunden. Stören können jetzt noch die Spiegelungen auf der Wasseroberfläche. Aber auch da gibt es Abhilfe: spezielle Sonnenbrillen mit Polfilter minimieren die Lichtreflexe.

Gewusst **wo**

In Fließgewässern können Sie Fische gut von **Brücken** aus beobachten. Raubfische stehen zum Beispiel oft vor oder hinter Brückenpfeilern, während Jungfische die flachen, strömungsberuhigten Randbereiche bevorzugen. Achten Sie auch auf die Laichzeit der Fische. Viele Fischarten unternehmen Laichwanderungen, die sie in bestimmte, oft gut einsichtige Gewässerabschnitte führen.

Sollten Sie einmal **barfuß im Wasser** stehen, so können Sie durch Aufwirbeln des sandigen Grunds neugierige Fischarten wie den Flussbarsch oder den Gründling anlocken. Und aufgepasst: Vielleicht huscht ein im Sand eingegrabener Fisch davon, zum Beispiel Steinbeißer, Strandgrundel oder Flunder.

Bestimmen aus den **Augenwinkeln**

Fische lassen sich manchmal schon im Freien unterscheiden. Vor allem die **Bewegungsweise** ist für einzelne Arten

Trockenübungen können auch auf einem Fischmarkt gemacht werden.

mindestens so bezeichnend wie für manche Vogelarten der Flug. Ein silbriges Glänzen über sandig steinigem Grund deutet etwa auf den Ukelei: Wenn er die typischen Drehungen um die Längsachse ausführt, werden seine silber glänzenden Seiten sichtbar. Besonders unter Wasser oder in Aquarien dienen auch Farbmerkmale wie Längs- und Querstreifung oder ausgeprägte Fleckung dem Identifizieren. Bei einem Trupp quer gestreifter Fische im Schatten eines Stegs handelt es sich mit Sicherheit um Flussbarsche.

Trockenübungen

Natürlich können Sie auch in **Aquarien** interessante Beobachtungen anstellen. Besuchen Sie dazu eines der vielen öffentlichen Schauaquarien. Allein in Deutschland gibt es rund 100 separate oder in Zoos integrierte große Aquarien. Das gezielte Fangen von Fischen setzt durch Beobachtungen gewonnene Erfahrung voraus. Rüsten Sie Ihre Kinder zum Beispiel mit einem **Kescher,** einem **Senknetz** oder einem **Schiebehamen** aus, und Sie werden überrascht sein vom Fangergebnis Ihrer Sprösslinge! Berücksichtigen Sie aber, dass das Spielen mit Angelgerät ab 12–14 Jahren zur Fischereiausübung wird. Und dazu benötigt man für die meisten Gewässer neben der Erlaubnis des Fischereirechtsinhabers auch einen gültigen Fischereischein. Genaue Informationen hierzu erhalten Sie in den zuständigen **Fischereibehörden.**

Liegt schließlich ein Fisch vor Ihnen, so können Sie ihn mit den Abbildungen in diesem Buch vergleichen und die zählbaren Merkmale wie Anzahl der Flossen und Flossenstrahlen, Barteln oder Beschuppung zur endgültigen Artbestimmung hinzuziehen.

Meerneunauge

Petromyzon marinus

Länge 50–90(120) cm; aalförmiger, auf graugrünem Grund schwarz marmorierter Körper mit schuppenloser, schleimiger Haut; großes, kieferloses Saugmaul; strahlenloser, unpaarer Flossensaum.

Runde Mundscheibe breiter als der Körper, zahlreiche scharfe Hornzähne in konzentrischen Reihen, ein 2-spitziger Hornzahn am Oberrand des Munds, untere Zahnleiste mit 7–9 Zähnen.

Lebensweise Anadromer Wanderer; Filtrierer/Parasit; Nest-Kiesgrubenlaicher von Mai–Jul; 150 000–300 000 Eier pro ♀; Höchstalter 9 Jahre.

Vorkommen Nordatlantische Region, EU und N-Amerika.

Bestand heute Reduzierung durch Damm- und Fließgewässerausbau. **RL§**

Wissenswert! Das Saugmaul des M. dient zum Ansaugen an größere Fische. Mit den scharfen Zähnen wird die Haut weggeraspelt, um dann Schleim und Blut aufzunehmen.

Zum Laichaufstieg, dem einzigen im Leben, stellen die Tiere die Nahrungsaufnahme ein. Das ♀ baut in rasch strömendem Wasser einen ringförmigen Wall, indem es 8–15 cm große Steine mit seinem Saugmaul verlagert. Nach 1–2 Wochen schlüpfen aus den abgelaichten, ca. 1 mm großen Eiern die Querder. Diese verlassen nach 3–5 Jahren, wenn sie 15–20 cm lang sind, den Sand- und Schlammgrund, wandeln sich zum fertigen Neunauge um und ziehen für 3–4 Jahre ins Meer.

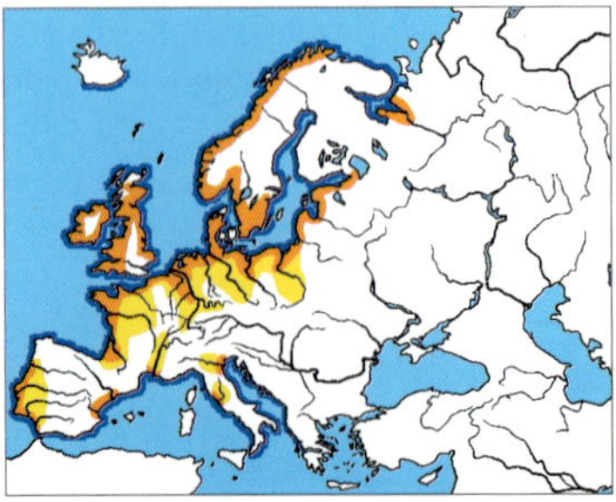

Kaspineunauge

Caspiomyzon wagneri

Länge 30–45(55) cm; aalförmiger Körper mit schuppenloser, schleimiger Haut; kieferloses Saugmaul; strahlenloser, unpaarer Flossensaum.

Mundscheibe schmaler als der Körper, mit zahlreichen Reihen stumpfer Hornzähne, 1 einfacher Zahn am Oberrand des Mundes, 5 runde Zähne auf der unteren Zahnleiste.

Lebensweise Anadromer Wanderer; Filtrierer/Aasfresser; Nest-Kiesgrubenlaicher von Mär–Jun; 14 000–60 000 Eier pro ♀; Höchstalter 5 Jahre.

Vorkommen Kaspisches Meer mit nördlichen, westlichen und südlichen Zuflüssen.

Bestand heute In der Wolga äußerst selten geworden, nach großen Stauseebauten verschwunden.

Wissenswert! Das K. baut in schnell strömendem, flachem Wasser von kiesig-sandigem Untergrund an steinigen Stellen einen ringförmigen Wall, indem es Steine mit dem Saugmaul verlagert. Nach 8–10 Tagen schlüpfen aus den ca. 1 mm großen Eiern die Querder. Sie verweilen 2–4 Jahre im Sand und Schlamm strömungsberuhigter Fließgewässerstrecken und filtrieren organisches Material, z. B. Kieselalgen. Bei einer Länge von 8–11 cm wandeln sie sich zum fertigen Neunauge um und ziehen für etwa 1 Jahr zum Fressen ins Meer. Während des einzigen Laichaufstiegs (Sep–Dez) werden viele dieser schmackhaften Tiere in Reusen gefangen.

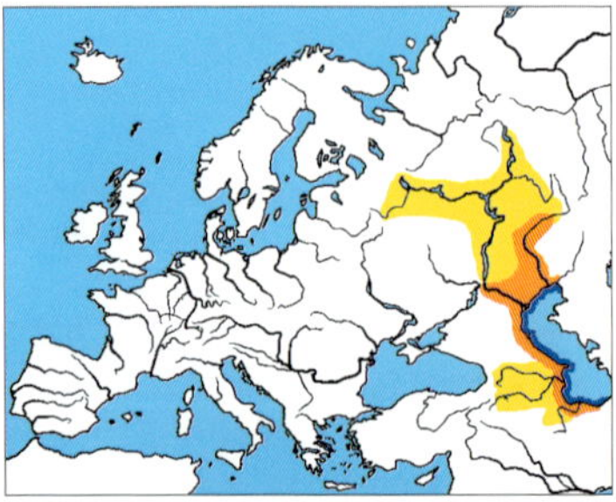

Kaspineunauge
Meerneunauge

Donauneunauge

Eudontomyzon danfordi

Länge 15–25(30) cm; aalförmiger Körper, nahe der Mitte am dicksten; schuppenlose, schleimige Haut; kieferloses Saugmaul; strahlenloser, unpaarer Flossensaum.

Mundscheibe mit zahlreichen, kreisförmig angeordneten Zähnen, die obere Zahnleiste trägt 2, die untere 7–14 Zähne.

Lebensweise Rheophiler Bewohner sauberer Bäche und Flüsse; Filtrierer/Parasit; Nest-Kiesgrubenlaicher von Mär–Jun; 7500–10 300 Eier pro ♀; Höchstalter 7 Jahre.

Vorkommen Donauzuflüsse in 150–1000 m Höhe.

Bestand heute Verbreitet, solange keine Wasserbauprojekte ihren Lebensraum verändern. §

Wissenswert! Neben einzelligen Pflanzen und Tieren wurden Wasserinsekten, Würmer und sogar Forellenlarven im Darm der Querder gefunden. Erwachsene D. fressen lebende und tote Fische. An den Laichplätzen werden sie dagegen selbst zur leichten Beute für Forellen und andere Tiere, weshalb sie in die obersten Abschnitte kleinster Bäche mit wenig Fischen ziehen. Durch Verlagerung von Kieselsteinen mit dem Saugmaul wird eine flache Laichgrube gebaut. Nach dem Ablaichen sterben die Elterntiere. Die aus den ca. 1 mm großen Eiern geschlüpften Querder verdriften stromabwärts und leben 4–5 Jahre im Schlamm und Sand ruhig fließender Bachstrecken. Das umgewandelte Neunauge bleibt 1–2 Jahre im Fluss.

Griechisches Bachneunauge

Eudontomyzon hellenicus

Länge 11–14(16) cm; aalförmiger Körper; schuppenlose, schleimige Haut; kieferloses Saugmaul; strahlenloser, unpaarer Flossensaum, R durch Zwischenraum zweigeteilt.

Mundscheibe mit zahlreichen abgerundeten Hornzähnen, obere Zahnleiste mit 2, untere mit 7–11 Zähnen.

Lebensweise Rheophiler Bewohner sauberer, rasch strömender Bäche von kiesigem, mit Steinen durchsetztem Untergrund; Filtrierer; Nest-Kiesgrubenlaicher entweder nur im Jan oder in 2 verschiedenen Laichperioden im Jan und Mai; Höchstalter 6 Jahre.

Vorkommen Im griechischen Strymon- und Louros-System.

Bestand heute Das G. B. wurde erst 1982 als eigene Art beschrieben. Die Bestandsgröße ist nicht bekannt. §

Wissenswert! Die bis zu 19 cm langen Querder leben etwa 4–6 Jahre im Schlamm, aus dem sie kleinste Organismen herausfiltrieren. Sie wandeln sich im Okt–Jan zum Neunauge um. Wie bei anderen nicht wandernden Neunaugenarten ist der Querder des G. B. länger als das umgewandelte Neunauge. Das Tier schrumpft bei der Umwandlung, weil Knorpelsubstanz zwischen den Wirbeln abgebaut wird. Das G. B. schwimmt ohne Nahrungsaufnahme stromaufwärts bis in die Quellregion. Die Reifung der Keimdrüsen dauert 2 Monate. Nach dem Ablaichen sterben die Elterntiere.

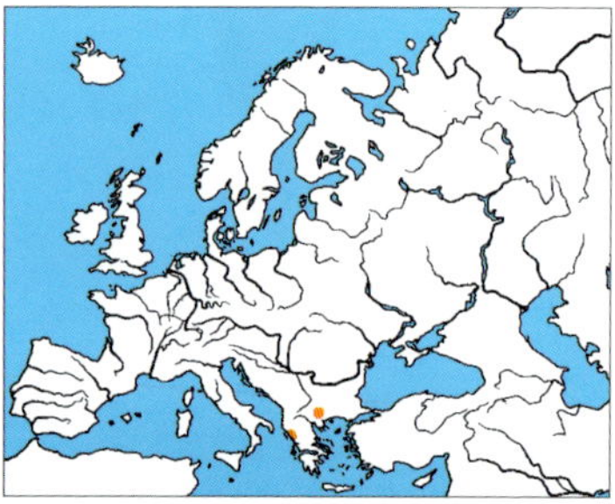

Griechisches Bachneunauge

Donauneunauge

Ukrainisches Bachneunauge

Eudontomyzon mariae

Länge 13–20(23) cm; aalförmiger Körper; schuppenlose, schleimige Haut; kieferloses Saugmaul; strahlenloser Flossensaum.

Mundscheibe mit kreisförmig angeordneten Zähnen, obere Leiste mit 2–4, untere mit 4–10 Zähnen.

Lebensweise Rheophiler Bewohner gefällereicher, stark strömender, sauberer Wasserläufe mit kiesig-sandigem Boden, aber auch von mäßig strömenden Niederungsgewässern mit entsprechendem Untergrund; Filtrierer; Nest-Kiesgrubenlaicher von Mär–Mai; 2200–7100 Eier pro ♀; Höchstalter 7 Jahre.

Vorkommen Fließgewässer bis in 840 m Höhe in den Einzugsgebieten des Schwarzen und Asowschen Meeres, der Ostsee, Adria und Ägäis.

Bestand heute Gefährdung durch Lebensraumverluste beim Ausbau von Fließgewässern. **RL§**

Wissenswert! Die Querder bleiben 4–5 Jahre im Schlamm und Sand strömungsberuhigter Bachstrecken, wo sie Mikroorganismen filtrieren. Sie sind größer als die erwachsenen Neunaugen. Während das ♀ im Schutz von Wasserpflanzen verweilt, baut das ♂ eine seichte, 5–10 cm große Laichgrube im flachen Wasser, indem es Kieselsteine mit dem Saugmaul verlagert. Dann saugt es sich an einem ♀ fest, die Körper umschlingen sich, und zitternd werden Eier und Milch in die Mulde abgegeben. Kurz danach sterben die Elterntiere.

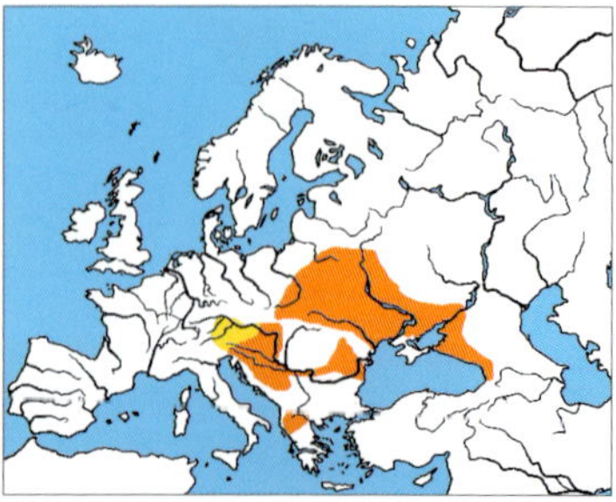

Flussneunauge

Lampetra fluviatilis

Länge 18–40(49) cm; aalförmiger Körper; schuppenlose, schleimige Haut; kieferloses Saugmaul; strahlenloser Flossensaum.

Mundscheibe mit nur 1 inneren Reihe von Randzähnen, kräftige Bezahnung, obere Zahnleiste mit 2 weit getrennten Zahnspitzen, untere mit 7–9 Zähnen.

Lebensweise Anadromer Wanderer; Filtrierer/Parasit; Nest-Kiesgrubenlaicher von Feb–Jul; 10 000–40 000 Eier pro ♀; Höchstalter 7 Jahre.

Vorkommen Hauptsächlich W- und M.-EU.

Bestand heute Ausdünnung durch Damm- und Gewässerausbau. **RL§**

Wissenswert! Bei einer Länge von 9–15 cm wandeln sich die Querder zum Neunauge um und ziehen für 0,5–2 Jahre ins Meer. Während ihres küstennahen Aufenthalts ernähren sie sich von Fischen.

Die F. des Herbstaufstiegs, die im Fluss eine Winterruhe halten, sind größer als die des Frühjahrsaufstiegs. Das Ablaichen geschieht in Gruppen, die etwa 1 mm großen Eier werden mit dem Schwanz in eine selbst gebaute Laichgrube eingewirbelt. Nach 9–20 Tagen schlüpfen die 5–6 mm langen Larven. Bis zur Aufzehrung des Dottersacks bleiben sie zwischen den Kieseln liegen. Dann verlassen sie den schützenden Feinkies, um für 3–5 Jahre an ruhigen Bachstellen zu leben.

Die Entwicklung des Bachneunauges (⇨ S. 20) stellt eine Abkürzung der Entwicklung des F. dar.

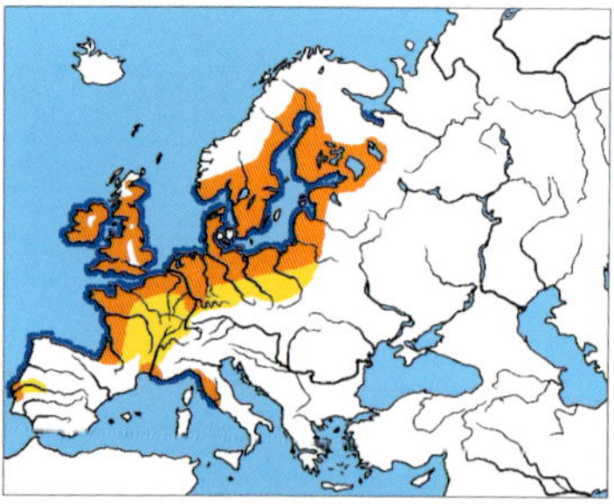

Flussneunauge

Ukrainisches Bachneunauge

Bachneunauge

Lampetra planeri

Länge 8–16(18) cm; aalförmiger Körper; schuppenlose, schleimige Haut; kieferloses Saugmaul; strahlenloser, unpaarer Flossensaum.

Mundscheibe mit nur 1 inneren Reihe von Randzähnen; schwache, stumpfe Zähne; obere Leiste mit 2 Zahnspitzen, untere mit 7–9 Zähnen.

Lebensweise Rheophiler Bewohner sauberer Bäche und kleiner Flüsse; Filtrierer; Nest-Kiesgrubenlaicher von Mär–Jul bei 7,5–15 °C Wt; 500–2000 Eier pro ♀; Höchstalter 6 Jahre.

Vorkommen W- und M.-EU, besonders in Zuflüssen zur Ost- und Nordsee.

Bestand heute Reduzierung durch Wasserverschmutzung sowie Fließgewässerausbau und Verrohrung selbst kleinster Bäche. **RL§**

Wissenswert! Nachdem sich die Querder 3–5 Jahre lang, in Sand und Schlamm filtrierend, von organischem Material ernährt haben, wandeln sie sich im Spätsommer zu den erwachsenen Neunaugen um. Im darauf folgenden Frühjahr laichen die B., in kleinen Rudeln an Steinen angesaugt und lebhaft schlängelnd, auf flach und schnell überströmten Kiesbänken. Das ♀ baut mit seinem Saugmaul eine seichte Laichgrube. Oft von mehreren ♂ umschlungen, wirbelt es seine ca. 1 mm großen Eier in die Kiesgrube ein. Die Elterntiere sterben nach dem Ablaichen, und nach 2–4 Wochen schlüpfen die 5–6 mm langen Querder.

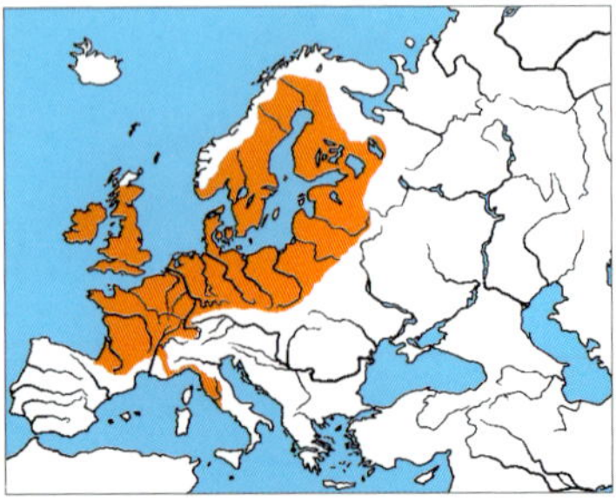

Arktisches Neunauge

Lethenteron camtschaticum

Länge 13–54(63) cm; aalförmiger Körper; schuppenlose, schleimige Haut; kieferloses Saugmaul; strahlenloser, unpaarer Flossensaum.

Mundscheibe mit 1 inneren Zahnreihe, scharfe Zähne, obere Leiste mit 2 voneinander entfernt stehenden, untere mit 6–8, teilweise 2-spitzigen Zähnen.

Lebensweise Anadromer Wanderer mit stationärer Süßwasserform; Filtrierer/Parasit; Nest-Kiesgrubenlaicher von Apr–Jul; 25 000–117 000 dunkel bläuliche Eier pro ♀; Höchstalter 7 Jahre.

Vorkommen EU, Weißmeergebiet und Barentssee, Asien und N-Amerika.

Bestand heute Durch Wasserverschmutzung selbst arktischer Gewässer bedroht; Querder als vorzügliche Naturköder von Anglern gesammelt.

Wissenswert! Das A. N. schwimmt im Herbst die Flüsse bis zu 600 km weit hinauf. Ein ♀ laicht nacheinander mit verschiedenen ♂ in selbstgebauten Laichgruben. Die leicht klebrigen, ca. 1 mm großen, ovalen Eier haften am Boden der Laichgrube. Beide Geschlechter bewachen das Gelege noch einige Zeit und verjagen Artgenossen, bevor sie schließlich sterben. Die Querder leben ca. 4 Jahre im Sand und Schlamm der Fließgewässer, wo sie organisches Material filtrieren. Mit 10–21 cm Länge wandeln sie sich zum Neunauge um und ziehen für 1–3 Jahre ins Meer. Dort ernähren sie sich blutsaugend von Fischen.

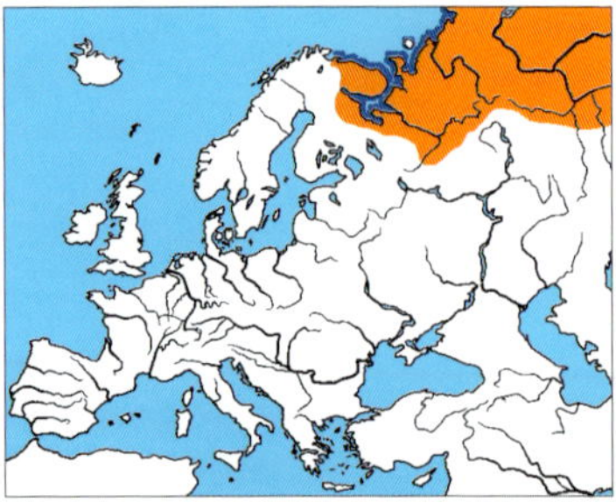

Arktisches Neunauge

Bachneunauge

Gemeiner Stör, Europäischer Stör *Acipenser sturio*

Länge 1,2–3(6) m; unterständiges Maul; 1 Reihe von 4 runden, gleich langen, nicht bis zur Oberlippe reichenden Barteln, Unterlippe unterbrochen; 15–29 Krd.

5 Längsreihen von Knochenschilden: Rü 9–16, Sei 24–40, Ba 8–14; **Flossenformel** R 30–50, Br 36–45, B 26–34, A 22–33, S heterozerk.

Lebensweise Anadromer Wanderer; Friedfisch; Steinlaicher von Jun–Aug bei 7,7–22 °C Wt; 0,2–5,7 Mio. schwärzliche Eier pro ♀; ♂ mit 7–15, ♀ mit 8–20 Jahren ab 0,9–1,8 m Länge geschlechtsreif; Höchstalter 60 Jahre.

Vorkommen EU; etwa 100 große Laichflüsse; Fang um 1900 noch 14 400–16 000 Stück jährlich.

Bestand heute Nur im Flussgebiet der Gironde; Fang 1947 4000, 1963 195, 1980 12 Stück, seitdem Fangverbot. **RL§**

Wissenswert! Die Laichplätze des G. S. liegen in scharfer Strömung auf felsigem oder steinigem Grund, sei es in starker Tidenströmung oder bis zu gut 800 km flussaufwärts. Aus den an Steinen festklebenden, 2–3 mm großen Eiern schlüpfen nach 3–6 Tagen 1 cm lange Larven. Nach 1–3 Jahren verlässt der G. S. mit 20–60 cm Länge das Süßwasser. Der drastische Rückgang dieses wertvollen Kaviarlieferanten lag zunächst an der Überfischung, dann ging ein Laichfluss nach dem anderen durch Wasserverschmutzung, Damm- und Gewässerausbau verloren. Aktuell erfolgte ein Versuchsbesatz im Elbegebiet und mit *A. oxyrinchus* im Odergebiet.

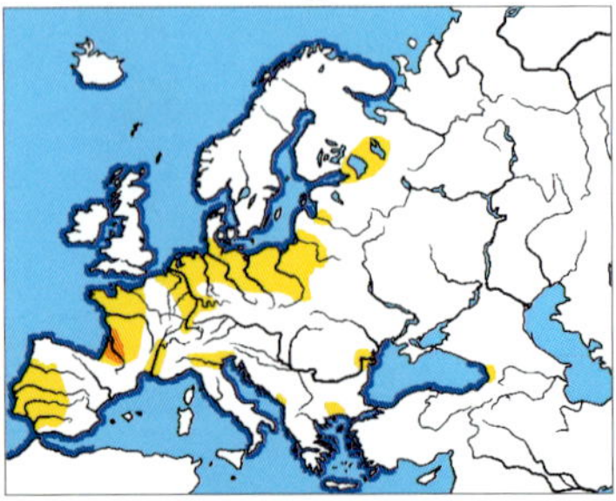

Adriatischer Stör

Acipenser naccarii

Länge: 1–1,5(2) m; stark unterständiges Maul, 1 Reihe von 4 runden, fast bis zur Oberlippe reichenden Barteln, äußere wenig länger als innere, Unterlippe unterbrochen; 30–35 Krd.

5 Längsreihen von Knochenschilden: Rü 10–14, Sei 32–42, Ba 8–11; **Flossenformel** R 36–48, A 24–31, S heterozerk.

Lebensweise Anadromer Wanderer; Friedfisch; Laichaufstieg in den ersten Monaten des Jahres, Gesteinlaicher von Feb–Mär.

Vorkommen Adriatisches Meer; zum Laichen sind 8 größere Adriazuflüsse, u. a. Po, Etsch und Tagliamento, aufgesucht worden.

Bestand heute Im Po mündungsnah sowie oberhalb des Staudamms bei Caorso. **§**

Wissenswert! Im Meer sucht der A. S. zur Nahrungsaufnahme bevorzugt 10–40 m tiefe Bereiche von sandigem oder schlammigem Untergrund in Küstennähe auf. Wie alle Störarten saugt er mit seinem rüsselförmig vorstülpbaren Maul wirbellose Tiere und kleine Fische ein. In seinem wichtigsten Laichfluss, dem Po mit seinen nördlichen Zuflüssen, wanderte er im 19. Jh. bis Turin hinauf. Durch den Bau von großen Dämmen wurde der Aufstieg zu den Laichplätzen im Mittellauf der Flüsse unterbunden. Bekannte noch existierende Laichplätze in schnell strömendem Wasser könnten durch den Einbau funktionsfähiger Fischpässe wieder erreichbar gemacht werden. Der Po wurde mit künstlich nachgezogenen A. S. besetzt.

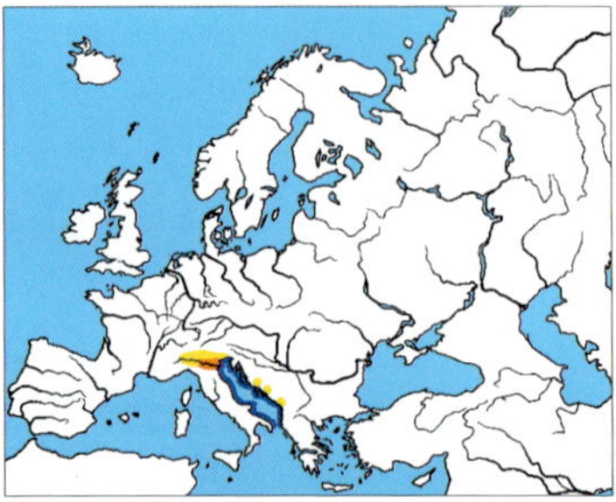

Gemeiner Stör, Europäischer Stör

Adriatischer Stör

Ship Stör, Glattdick

Acipenser nudiventris

Länge: 1,1–1,8(2,2) m; stark unterständiges Maul; 4 gefiederte, gleich lange, nicht bis zur Oberlippe reichende Barteln, Unterlippe nicht unterbrochen; 24–45 Krd.

5 Längsreihen von Knochenschilden: Rü 11–17, Sei 49–74, Ba 11–17; **Flossenformel** R 39–57, A 23–37, S heterozerk.

Lebensweise Anadromer Wanderer; Friedfisch; Gesteinlaicher von Mär–Mai; 0,2–1,3 Mio. Eier pro ♀; ♂ mit 6–13, ♀ mit 12–22 Jahren ab 0,7–2,1 m Länge geschlechtsreif; Höchstalter 36 Jahre.

Vorkommen Selten im Schwarzen und Asowschen, häufig in Kaspischem Meer und Aralsee. Die Laichfische ziehen in große Zuflüsse. Sie stiegen im Donausystem bis über 1800 km, im Ural rund 500–800 km, in der Kura bis 650 km weit auf.

Bestand heute Reduzierung durch Überfischung, Wasserverschmutzung, Damm- und Fließgewässerausbau; umfangreiche Besatzmaßnahmen im Kaspischen Meer seit 1966.

Wissenswert! Bis zur Einführung des Sternhausens (⇨ S. 26) war dieser wichtige Kaviar-Lieferant die einzige Störart im Aralsee. Beide Arten kreuzen sich gelegentlich natürlicherweise, wobei die Bastarde fruchtbar sind. Ebenso kommen Bastarde von S. S. und Hausen (⇨ S. 28) in der Natur vor. Dies nutzt die Aquakultur, indem sie durch Kreuzungen schneller wachsende, robuste Hybriden erzeugt.

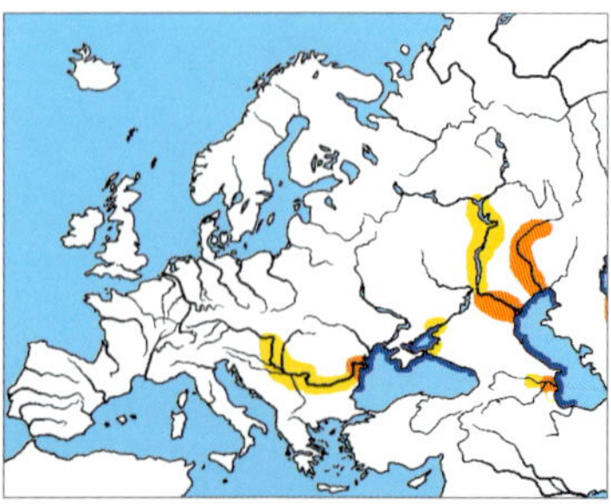

Sterlet

Acipenser ruthenus

Länge 30–70(125) cm; unterständiges Maul; 1 Reihe von 4 gefransten, gleich langen Barteln, die knapp bis zur Oberlippe reichen, Unterlippe unterbrochen; 11–27 Krd.

5 Längsreihen von Knochenschilden: Rü 11–18, Sei 56–71, Ba 10–20; **Flossenformel** R 32–49, A 16–34, S heterozerk.

Lebensweise Rheophiler Bodenbewohner sauberer Flüsse; Friedfisch; Kieslaicher von Apr–Jun bei 12–17 °C Wt; 3900–150 000 schwärzlich graue Eier pro ♀; ♂ mit 3–5, ♀ mit 5–9 Jahren ab 30–50 cm Länge geschlechtsreif; Höchstalter 70 Jahre.

Vorkommen Eurasische Flüsse im Einzugsgebiet des Kaspischen, Schwarzen, Asowschen und Nordpolarmeeres sowie der Ostsee.

Bestand heute In Dwina und Petschora eingebürgert; Besatz erhält einige Bestände und lässt den S. wieder in der oberen Donau auftreten. **RL**

Wissenswert! An tiefen, bei Hochwasser Schutz bietenden Stellen, hält der S. Winterruhe, ohne zu fressen. Seine stromaufwärts gerichtete Laichwanderung führt den S. zu schnell überströmten grobkiesigen Bereichen. Aus den ovalen, 2–3 mm großen, am Kies festklebenden Eiern schlüpfen nach 4–5 Tagen die 6–7 mm langen Larven, welche mit der Strömung fortgetragen werden. Der S. wird künstlich vermehrt und in Aquakultur gehalten. Kleine Exemplare sind als Aquarienfische beliebt.

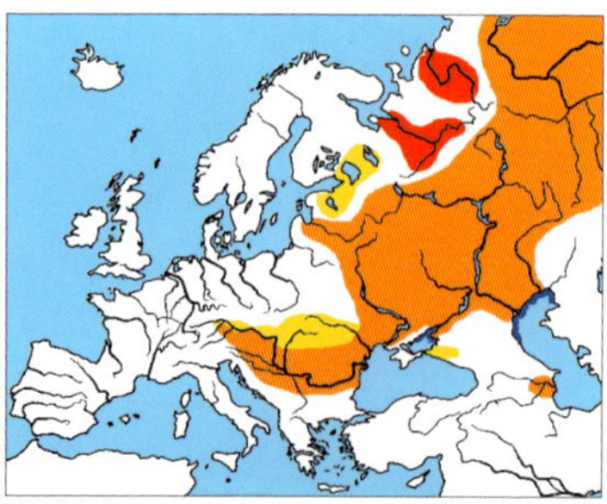

Sterlet

Ship Stör, Glattdick

Sternhausen

Acipenser stellatus

Länge: 1–1,5(2,2) m; sehr lange, schmale Schnauze; stark unterständiges Maul; 1 Reihe von 4 runden, gleich langen, kurzen, nicht bis zur Oberlippe reichenden Barteln.

Unterlippe unterbrochen; 24–29 Krd.; 5 Längsreihen von Knochenschilden: Rü 9–16, Sei 26–43, Ba 9–14; **Flossenformel** R 40–54, A 22–35, S heterozerk.

Lebensweise Anadromer Wanderer; Friedfisch; Gesteinlaicher von Mai–Sep bei 14–29 °C Wt; 50 000–950 000 braungraue Eier pro ♀; ♂ mit 4–13, ♀ mit 6–15 Jahren ab 0,8–1,5 m Länge geschlechtsreif; Höchstalter 35 Jahre.

Vorkommen Kaspisches, Asowsches, Schwarzes und vereinzelt Ägäisches Meer sowie deren Zuflüsse.

Bestand heute Die meisten S. leben im Kaspischen Meer, von wo aus sie die großen Flüsse zum Laichen aufsuchen; durch Dammbauten von angestammten Laichplätzen abgetrennt, gleicht nur umfangreicher Besatz die sehr starke Befischung aus.

Wissenswert! Der S. wird sowohl im Meer als auch während des ganzjährigen Laichaufstiegs gefischt. Sein Fleisch und der Kaviar sind hoch geschätzt. Zur Kaviarbereitung muss der Rogen schon ziemlich weit entwickelt, darf aber nicht fließend reif sein. Der Kaviar dieser Art ist unter dem Namen Sevruga-Kaviar im Handel. Beim S. kommt es vor, dass das rechte Auge merklich größer als das linke ist.

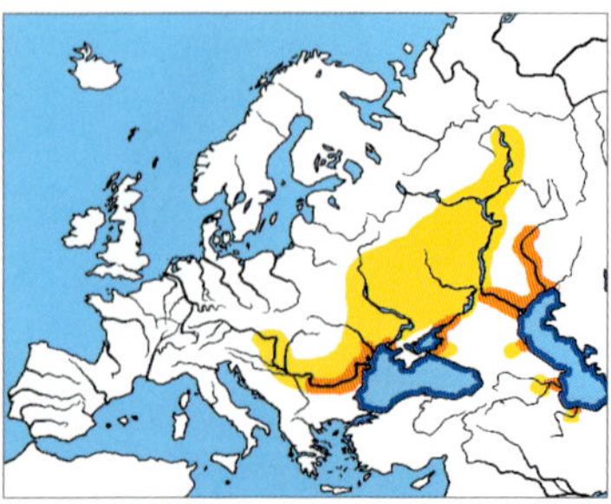

Russischer Stör, Waxdick

Acipenser gueldenstaedtii

Länge 1,2–2,5(4) m; kurze, stumpfe Schnauze; stark unterständiges Maul; 1 Reihe von 4 runden, gleich langen, nicht bis zur Oberlippe reichenden Barteln.

Unterlippe unterbrochen; 15–31 Krd.; 5 Längsreihen von Knochenschilden: Rü 8–18, Sei 24–50, Ba 6–13; **Flossenformel** R 27–51, A 18–33, S heterozerk.

Lebensweise Anadromer Wanderer; Friedfisch; Gesteinlaicher von Mai–Jun bei 8–15 °C Wt; 30 000–1 170 000 bräunlich graue Eier pro ♀; ♂ mit 7–13, ♀ mit 12–16 Jahren ab 0,8–1,4 m Länge geschlechtsreif; Höchstalter 50 Jahre.

Vorkommen Schwarzes, Asowsches und Kaspisches Meer mit ihren großen Zuflüssen; im Ural steigt die überwinternde Rasse 850–1200 km, die Frühjahrsrasse bis zu 650 km weit auf.

Bestand heute Durch Dämme in fast allen Flüssen von den angestammten Laichplätzen abgetrennt. Diese am meisten gefangene, wertvolle Störart wird durch umfangreichen Besatz erhalten.

Wissenswert! Aus dem Rogen des R. S. wird der teure Ossietra-Kaviar hergestellt. Man gewinnt den Kaviar, indem der geeignete Rogen aus dem Fisch herausgenommen, per Sieb von anhängenden Gewebeteilen befreit und anschließend gesalzen wird. Dabei gilt die Regel: je weniger Salz, desto delikater. Der wertvollste Kaviar heißt Malossol (malos = wenig, sol = Salz).

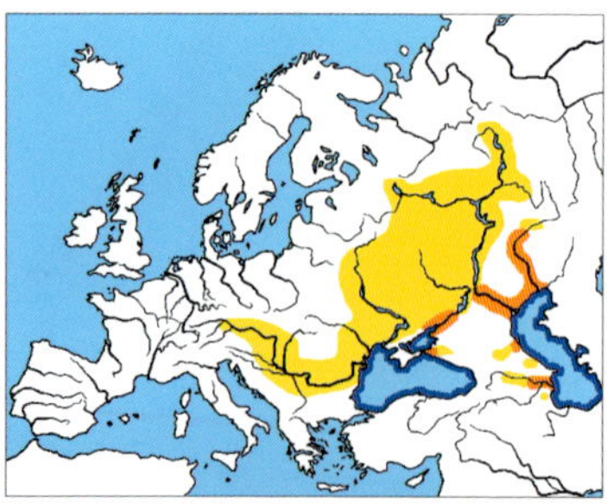

Russischer Stör, Waxdick

Sternhausen

Sibirischer Stör

Acipenser baeri

Länge 1,3–1,4(2) m; stark unterständiges Maul; 1 Reihe von 4 runden, bis zur Oberlippe reichenden Barteln, äußere länger als innere; Unterlippe unterbrochen.

20–49 Krd mit charakteristischem fächerartigem Höcker; 5 Längsreihen von Knochenschilden: Rü 10–20, Sei 32–62, Ba 7–16; **Flossenformel** R 30–56, A 17–33, S heterozerk.

Lebensweise Rheophiler Bewohner der Ober-, Mittel- und Unterläufe der Flüsse, bis ins Brackwasser hinabsteigend; Friedfisch; Gesteinlaicher von Mai–Jun bei 9–18 °C Wt; 16 000–830 000 braune, graue oder schwarze Eier pro ♀; ♂ mit 17–24, ♀ mit 19–30 Jahren ab 0,9–1,5 m Länge geschlechtsreif; Höchstalter 60 Jahre.

Vorkommen Einheimisch in allen großen sibirischen Flüssen, vom Ob bis zum Kolyma; weite Laichwanderungen, im Ob bis über 3000 km.

Bestand heute Reduktion durch Dammbauten und Überfischung; seit 1976 erfolgt Besatz in sibirischen und europäischen Gewässern. In EU ist ein natürlicher Bestandsaufbau bisher nicht erfolgt.

Wissenswert! Der S. S. gewinnt in der Aquakultur an Bedeutung. Künstlich vermehrt, kommt er in Frankreich und Italien mit 2,5–3 kg auf den Markt. Dieses Gewicht erreicht er in 17 °C warmem Wasser bei Fütterung schon nach 2 Jahren, laichreif wird er unter diesen Bedingungen mit 4–7 Jahren.

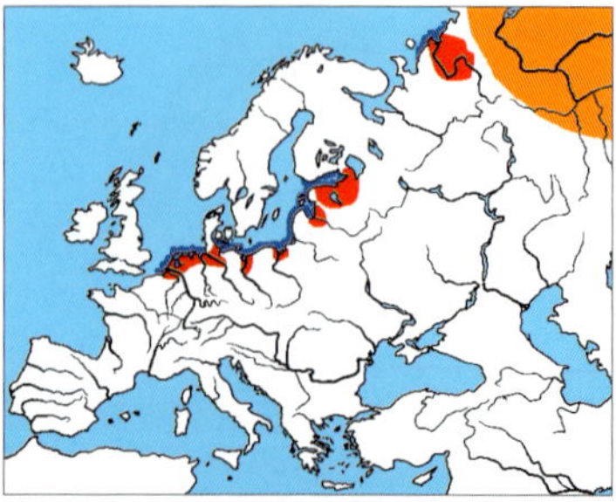

Hausen

Huso huso

Länge 2–3(8) m; großes, unterständiges, halbmondförmiges Maul; 1 Reihe von 4 seitlich zusammengedrückten Barteln, Unterlippe unterbrochen; 17–36 Krd.

5 Längsreihen von Knochenschilden: Rü 9–17, Sei 37–53, Ba 7–14; **Flossenformel** R 48–81, A 22–41, S heterozerk.

Lebensweise Anadromer Wanderer; Raubfisch; Steinlaicher von Apr–Jun bei 8–17 °C Wt; 0,2–7,7 Mio. dunkelsilbrige Eier pro ♀; ♂ mit 11–16, ♀ mit 14–22 Jahren ab 1,4–2,9 m Länge geschlechtsreif; Höchstalter 100 Jahre.

Vorkommen Schwarzes, Asowsches und Kaspisches Meer mit ihren größten Zuflüssen sowie einzelne Fische in Adria mit Po.

Bestand heute Durch den Fließgewässerausbau hat der H. nahezu alle natürlichen Laichplätze verloren, Dämme begrenzen seine Laichwanderung; nur umfangreiche Besatzmaßnahmen erhalten die Bestände.

Wissenswert! Diese größte Störart wird für Besatzzwecke künstlich vermehrt. Seit einigen Jahren gibt es Betriebe, die den H. zur Kaviargewinnung in großen Warmwasser-Aquakulturanlagen halten. Als gefräßiger Raubfisch erreicht der H. bereits nach 1 Jahr eine Länge von 40–60 cm. Wie auch bei anderen Störarten liegen zwischen den Eiablagen mehrjährige Pausen. Aus dem Rogen des H. wird der am teuersten bezahlte Beluga-Kaviar hergestellt.

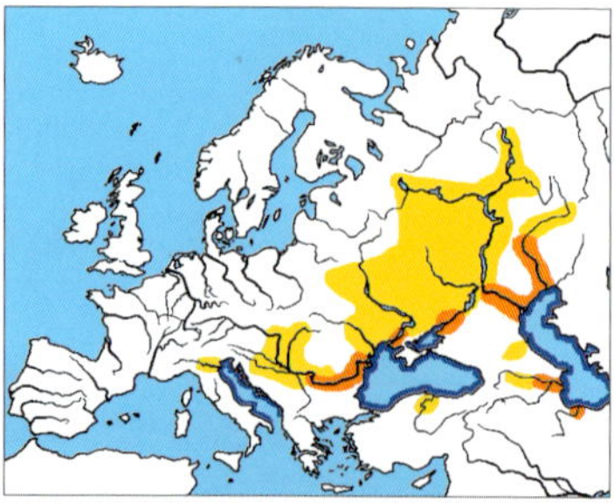

Hausen

Sibirischer Stör

Aal

Anguilla anguilla

Länge ♂ bis 51 cm, ♀ bis 150 cm; schlangenartiger Körper; winzig kleine Rundschuppen; R und A mit S zu einem Flossensaum vereinigt.

Flossenformel R 245–280, Br 15–20, B fehlen, A 191–235.

Lebensweise Katadromer Wanderer; Fried- und Raubfisch; 4–10 Jahre zum Fressen als „Gelbaal“ in Küstengewässern, Flüssen und Seen; Abwanderung als „Blankaal“ in Aug–Nov, um das 6000–7000 km entfernte Laichgebiet (Sargassomeer) zur Laichzeit im Mär zu erreichen; Freiwasserlaicher; 1–4 Mio. Eier pro ♀; Höchstalter ♂ 9, ♀ 12, in Gefangenschaft 55 Jahre.

Vorkommen Küsten- und Binnengewässer des NO-Atlantiks, der Nord- und Ostsee sowie des Mittelmeers.

Bestand heute Deutlich abnehmender Glasaalaufstieg; erheblich beeinträchtigter Auf- und Abstieg durch Dammbauten u. Wasserkraftnutzung; Turbinen zerschlagen abwandernde Aale; Besatz aus Wildfängen prägt vielfach die Bestände. **RL**

Wissenswert! Aus den in 100–150 m Tiefe treibenden Eiern schlüpfen nach ca. 2 Tagen 5–6 mm lange Larven. Diese driften als „Leptocephalus“ passiv mit der nordatlantischen Strömung nach EU. Am Kontinentalabhang wandeln sie sich zu „Glasaalen“ um und ziehen dann in die Fraßgebiete. Alle A. sterben nach dem Ablaichen. Aquakulturfisch, Nachzucht trotz Laborerfolgen noch nicht möglich. EU-weite Aalbewirtschaftungspläne sollen den Bestand heben.

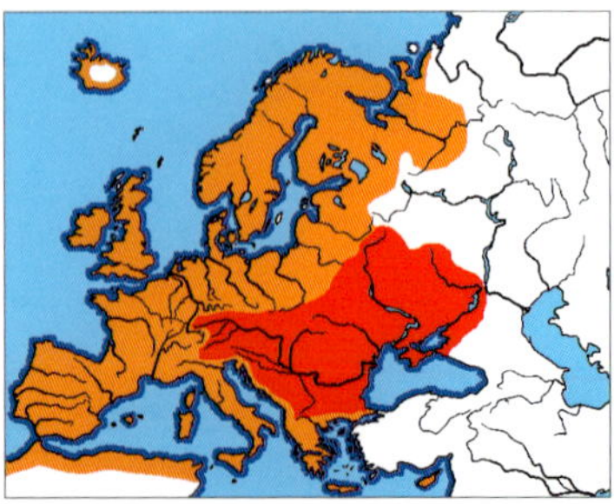

Maifisch, Alse

Alosa alosa

Länge 30–70(83) cm; mäßig gestreckter, seitlich zusammengedrückter Körper; 70–86 mittelgroße Rundschuppen in einer Längsreihe, keine Seitenlinie.

90–155 haarfeine, dicht gedrängte Krd; Vomer zahnlos; **Flossenformel** R 18–22, Br 14–17, B 8–9, A 21–27, S 19.

Lebensweise Anadromer Wanderer; Friedfisch; Freiwasserlaicher von Mai–Jun bei 15–25 °C Wt; 80 000–650 000 durchsichtige Eier pro ♀; mit 3–4 Jahren ab 30–40 cm Länge geschlechtsreif; Höchstalter 9 Jahre.

Vorkommen NO-Atlantik und nordwestliches Mittelmeer, von hier aus in die großen Flüsse oft weit eindringend, z. B. in der Elbe bis Böhmen, im Rhein bis Basel, in der Dordogne bis Bergerac, in der Rhône bis Dijon.

Bestand heute Anfang des 20. Jh. noch wirtschaftlich bedeutend, ist der M. in nördlichen Gewässern erloschen, in britischen selten und in S-EU wirtschaftlich bedeutungslos geworden. Im Rhein, wo der M. zuletzt nur noch in Einzelexemplaren nachgewiesen worden ist, werden zwischen 2008 und 2010 5 Mio. Larven zu Bestandshebung besetzt. **RL§**

Wissenswert! Der Laichaufstieg führt den M. bis zu 700 km weit stromaufwärts. Die Laichplätze liegen im Hauptstrom großer Flüsse oberhalb der Gezeitenzone in schneller Strömung über Kiesgrund. Aus den nicht haftenden, auf dem Grund treibenden oder in Kieslücken verbleibenden Eiern schlüpfen nach 4–5 Tagen 7–12 mm lange Larven. Die Jungfische erreichen von Aug–Okt die Ästuare.

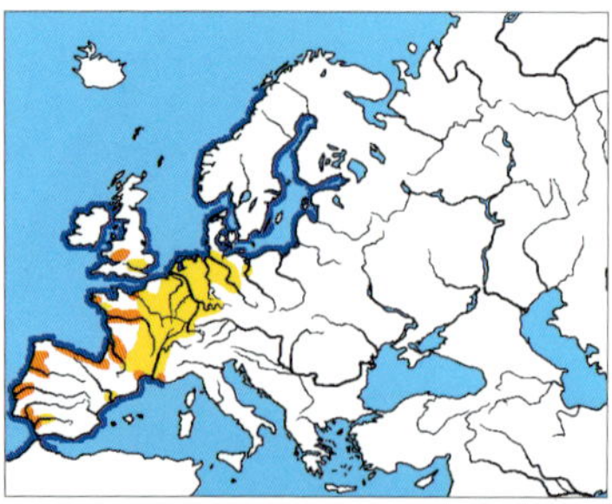

Maifisch, Alse

Aal

Finte

Alosa fallax

Länge 30–40(55) cm; mäßig gestreckter, seitlich zusammengedrückter Körper; 55–65 große Rundschuppen in einer Längsreihe, keine Seitenlinie.

35–60 grobe, nicht gedrängt stehende Krd; Vomer zahnlos; **Flossenformel** R 15–22, Br 15–17, B 8–9, A 17–27, S 19.

Lebensweise Anadromer Wanderer; Friedfisch; Freiwasserlaicher von Apr–Jul bei 13–22 °C Wt; 50 000–200 000 Eier pro ♀; ♂ mit 2–5, ♀ mit 3–6 Jahren ab 27–40 cm Länge geschlechtsreif; Lebensdauer bis zu 10 Jahre oder mehr.

Vorkommen NO-Atlantik und südwestliche Ostsee. Ähnliche Arten anadrom im Mittelmeer *(Alosa algeriensis)* sowie stationär in Seen in Irland *(A. killarnensis)*, Italien und der Schweiz *(A. agone)*, Griechenland und Makedonien *(A. macedonica)*, Griechenland *(A. vistonica)*.

Bestand heute Durch Wasserverschmutzung in einigen Flüssen verschwunden oder rückläufig, in anderen, z. B. Elbe, Severn, Loire, Garonne, Dordogne, Adour, Minho, Lima, Douro, Tejo, Sado und Guadiana, seit vielen Jahren konstant. Zunehmende Kühlwasserentnahmen aus den Flüssen durch Großkraftwerke könnten die Bestände schwächen. **RL§**

Wissenswert! Im Meer bewohnt die F. das Freiwasser in Tiefen von 200–300 m. Zum Laichen dringt sie in den unteren Süßwasserbereich großer Flüsse ein, steigt aber kaum über die Gezeitengrenze hinaus auf. Das Laichgeschäft erfolgt unter lautem Geplätscher an der Wasseroberfläche.

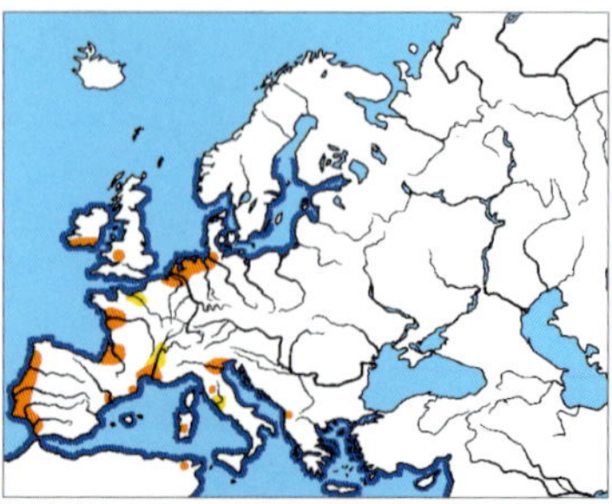

Kaspimaifisch, Kaspischer Dickwanst

Alosa tanaica

Länge 18–22(32) cm; hoher, am Bauch stark zusammengedrückter Körper; 49–51 große Rundschuppen in einer Längsreihe, keine Seitenlinie.

68–149 dünne und schwache Krd; Vomer bezahnt; **Flossenformel** R 17–19, Br 14–17, B 8–9, A 18–23, S 19.

Lebensweise Anadromer Wanderer; Friedfisch; Freiwasserlaicher von Apr–Jun bei 8–24 °C Wt; 12 000–41 000 Eier pro ♀; mit 2–3 Jahren geschlechtsreif; Höchstalter 7 Jahre.

Vorkommen Kaspisches Meer, Wolga, Ural und Emba sowie Schwarzes Meer (**Donaudickwanst**), Donaudelta, Dnjestr, Bug und Dnjepr.

Bestand heute Staudammbauten in der Wolga und sinkende Wasserstände führten zu Bestandseinbrüchen, auf die die Art mit der Auswahl neuer Laichplätze reagierte. Dadurch ist der Bestand wieder im Zunehmen begriffen. Die Fangerträge im Schwarzen Meer sind stark rückläufig. **§**

Wissenswert! Diese sehr fettreiche Fischart ist ein wichtiger Nutzfisch. Im Meer suchen die K. das Freiwasser in Tiefen von 60–170 m vorzugsweise nach großen Planktontieren ab. Wenn sich die geschlechtsreif gewordenen K. vor den Mündungen der großen Flüsse versammeln, lassen sie sich am besten fangen. Sie laichen an der Wasseroberfläche im Brackwasser vor den Flussmündungen und im Süßwasser der Flussunterläufe, gelegentlich auch weit flussaufwärts.

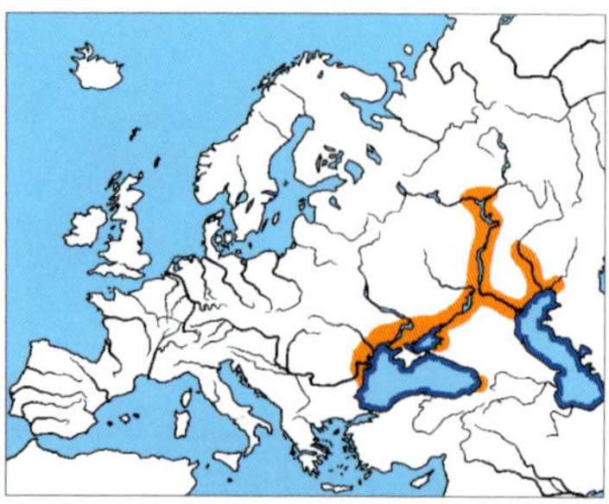

Finte

Kaspimaifisch, Kaspischer Dickwanst

Schwarzmeer-Maifisch, Schwarzmeerhering

Alosa immaculata

Länge 36–44(52) cm; schlank; 50–60 große Rundschuppen in einer Längsreihe, keine Seitenlinie.

38–68 kräftige Krd; Vomer bezahnt; **Flossenformel** R 16–20, Br 14–17, B 8–9, A 19–23, S 19.

Lebensweise Anadromer Wanderer; Friedfisch; Freiwasserlaicher von Apr–Aug bei 17–21 °C Wt; 34 000–290 000 Eier pro ♀; mit 2–3 Jahren geschlechtsreif; Höchstalter 7 Jahre.

Vorkommen Schwarzes und Asowsches Meer, der bis zu 40 cm lange **Donauhering** laicht in den großen Flüssen Donau, Dnjestr, Bug, Dnjepr und Don, sowie Kaspisches Meer, Wolga und Ural in den Unterläufen, z. T. weit stromauf.

Bestand heute Vor allem im Donaugebiet haben fischereiliche Schutzbestimmungen zu ansteigenden Fangerträgen geführt. Die Bestände in Don und Wolga sind durch Staudammbauten im Verbund mit sinkenden Wasserständen eingebrochen. §

Wissenswert! Der S. laicht in Schwärmen oberflächennah in der stärksten Hauptströmung des Flusses ab. Das Hauptlaichgebiet dieser fettreichen, fischereilich wertvollen Fischart liegt nur 12–23 m über dem Meeresspiegel. Aus den ca. 1,4 mm großen Eiern schlüpfen nach 2–5 Tagen die 4,5–5,7 mm langen Larven und driften stromabwärts. Die Jungfische verweilen in großer Anzahl im Flussmündungsgebiet, bevor sie im Herbst ins Meer ziehen.

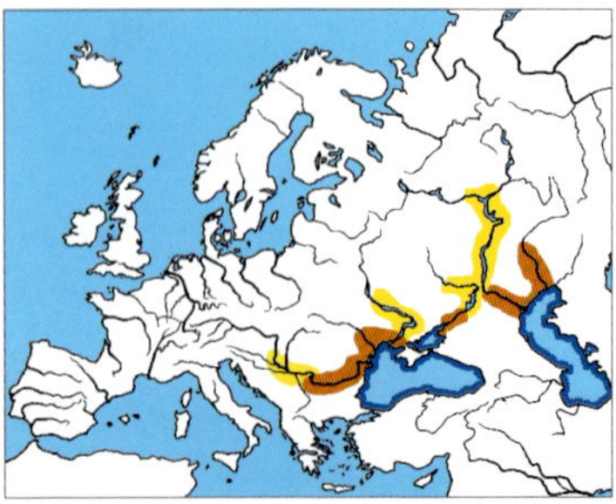

Abrausardine

Clupeonella abrau

Länge 6–7(8,5) cm; sehr lang gestreckter Körper; oberständiges Maul; leicht abfallende Rundschuppen, keine Seitenlinie; die letzten 2 Strahlen der Afterflosse verlängert.

39–50 Krd; Vomer zahnlos; **Flossenformel** R 13–15, Br 14–17, B 7–10, A 18–21, S 19.

Lebensweise Lakustrischer Bewohner zweier Gebirgsseen; Friedfisch; Freiwasserlaicher von Mai–Sep; mit 1 Jahr ab 3–4,5 cm Länge geschlechtsreif; Höchstalter 2 Jahre.

Vorkommen Abrau-See bei Novorossiisk in Russland sowie Apolyont-See bei Bursa in der Türkei.

Bestand heute Der Bestand der A. leidet unter Seespiegelabsenkungen durch Wasserentnahmen.

Wissenswert! Bei der A. handelt es sich um einen der wenigen Vertreter der Heringsfische, der ausschließlich im Süßwasser lebt. Der Abrau-See liegt 70 m über dem Meeresspiegel. Die Sichttiefe beträgt nicht mehr als 1 m. Die A. zieht in Schwärmen durch das Freiwasser dieses warmen, nur 10 m tiefen Sees und ernährt sich von tierischem Plankton. Während der langen Laichzeit nutzen die geschlechtsreifen Fische windstille Abende, um im Schutz der Dunkelheit abzulaichen. Die ca. 1,1 mm großen Eier enthalten sichtbare Öltropfen, die für Auftrieb sorgen. Die Larven schlüpfen nach einer Entwicklungszeit von nur 11–12 Stunden bereits am folgenden Morgen. Sie haben dann eine Länge von ca. 2,6 mm.

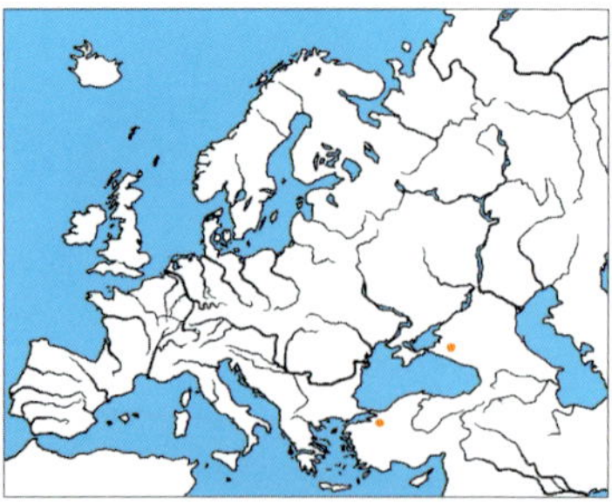

Abrausardine

Schwarzmeer-Maifisch, Schwarzmeerhering

Kilka, Tyulkasardine

Clupeonella cultriventris

Länge 8–12(17) cm; lang gestreckter-Körper, oberständiges Maul; große, leicht abfallende Rundschuppen, keine Seitenlinie; die letzten 2 Strahlen der Afterflosse verlängert.

49–62 Krd; Vomer zahnlos; **Flossenformel** R 14–17, Br 14–17, B 8–9, A 17–21, S 19.

Lebensweise Anadromer Wanderer; Friedfisch; Freiwasserlaicher von Apr–Jul bei 10–20 °C Wt; 5000–20 000 Eier pro ♀; mit 2–3 Jahren geschlechtsreif; Höchstalter 5 Jahre.

Vorkommen Asowsches und Schwarzes Meer. Der **Schwarzmeerkilka** laicht in fast allen NW-Zuflüssen sowie im Kaspischen Meer, der **Kaspische Kilka** zieht zum Laichen in den Ural und in die Wolga bis in den Kama.

Bestand heute Der S. unterliegt als häufigster und am weitesten verbreiteter Fisch des Asowschen Meeres einer starken fischereilichen Nutzung. Der ebenfalls fischereilich genutzte Kaspische K. hat seinen Lebensraum auf den Wolga-Don-Kanal und auf die Stauseen ausgebreitet.

Wissenswert! Der K. laicht im Süßwasser der Flussunterläufe, in die er in mitunter enorm großen Schwärmen bis zu 60 km weit hineinschwimmt, sowie in Süß- und Brackwasserbuchten und im Brackwasser vor den Mündungen. Auf Nahrungssuche (Plankton) zieht der K. in Schwärmen durch das Freiwasser in Tiefen von 6–30 m. Da er auch höhere Salzgehalte toleriert, gelangen manche Schwärme weit ins Meer hinein.

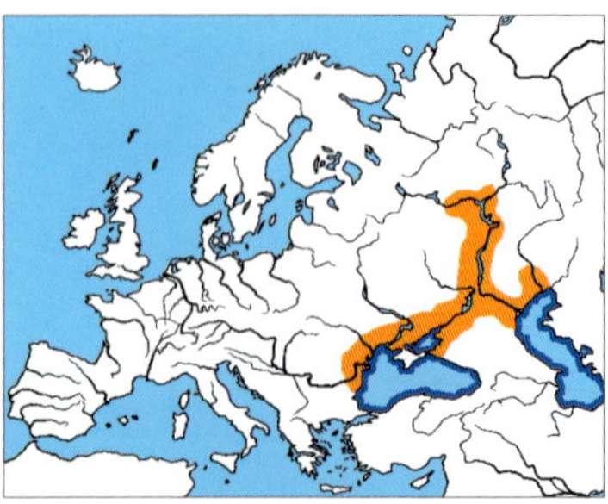

Atlantischer Lachs, Lachs

Salmo salar

Länge 50–120(150) cm; lang gestreckter Körper, schlanker Schwanzstiel; endständiges Maul, zur Laichzeit beim ♂ zum Laichhaken verformt; Fettflosse.

Vomerstiel einreihig bezahnt, Vomerplatte zahnlos; 110–130 Rundschuppen entlang der Seitenlinie; **Flossenformel** R 12–14, Br 11–16, B 8–10, A 10–14, S 19.

Lebensweise Anadromer Wanderer; Raubfisch; Kiesgrubenlaicher von Sep–Feb bei 4–10 °C Wt; 2000–30 000 gelborange Eier pro ♀; mit 4–8 Jahren geschlechtsreif; Höchstalter 10 Jahre.

Vorkommen Nordatlantische Region.

Bestand heute Stabile Populationen finden sich auf den Britischen Inseln, auf Island, in Norwegen und in nördlichen Ostseezuflüssen. **RL§**

Wissenswert! Nachdem der L. 1–5 Jahre im Fließgewässer verbracht hat, zieht er für 3–7 Jahre ins Meer. In seiner Ernährung wechselt er von wirbellosen Tieren zu Fischen. Im Sommer beginnt der Aufstieg in saubere, gefällereiche Flussoberläufe. Dort vergräbt das ♀ seine Eier im flach und schnell überströmten, grobkiesigen Gewässergrund. Obwohl der L. in seinem Leben bis zu 5 Laichaufstiege unternehmen kann, verausgabt er sich so sehr, dass viele Laichlachse bereits nach dem 1. Mal sterben. Mit bis zu 3 m hohen Sprüngen überwindet der L. Wasserfälle. Dennoch ist er in großen Flüssen wie Rhein und Elbe durch Gewässerausbau ausgestorben, in anderen stark dezimiert. Durch Besatz und Bau von Fischwegen nehmen die Bestände wieder zu.

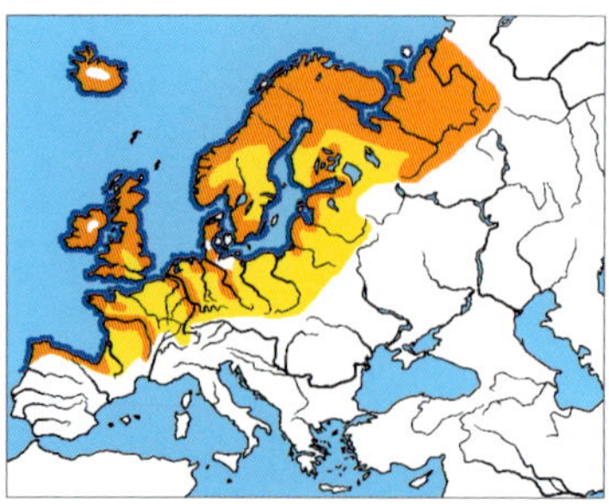

Atlantischer Lachs, Lachs

Kilka, Tyulkasardine

Meerforelle

Salmo trutta forma trutta

Länge 40–80(105) cm; lang gestreckter Körper mit dickerem Schwanzstiel als beim Lachs; endständiges Maul, zur Laichzeit beim ♂ zum Laichhaken verformt; Fettflosse.

Vomerstiel einreihig bezahnt, Vomerplatte mit 2–6 Zähnen; 110–130 kleine Rundschuppen entlang der Seitenlinie; **Flossenformel** R 11–15, Br 11–16, B 7–10, A 9–14, S 19.

Lebensweise Anadromer Wanderer; Fried- und Raubfisch; Kiesgrubenlaicher von Okt–Mär bei 4–8 °C Wt; 1000–20 000 gelborange Eier pro ♀; mit 3–7 Jahren geschlechtsreif; Höchstalter 20 Jahre.

Vorkommen EU, Weißmeergebiet bis Portugal.

Bestand heute Stabile und auch viele besatzabhängige Populationen. **RL**

Wissenswert! Nach 0,5–5 Jahren Meeresaufenthalt steigt die M. zu ihren Laichplätzen in gefällereiche Oberläufe auf. Das ♀ schlägt mit dem Schwanz eine Laichgrube im flach und schnell überströmten, grobkiesigen Grund, um seine Eier zu vergraben. Wo Entwaldung zur Erosion führte, verstopfen Feinsande die Lücken im Kies und reduzieren die notwendige Sauerstoffversorgung der Eier. Gewässerausbau und -verschmutzung tun ein Übriges, dass viele Bestände nur durch jährlichen Besatz erhalten werden können. Naturbestände der M. kennzeichnen die Durchgängigkeit bis in die Forellenregion und beste Qualität der Bäche.

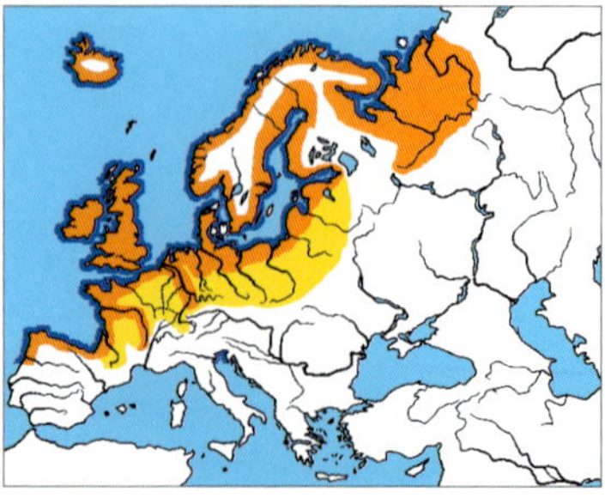

Bachforelle

Salmo trutta forma fario

Länge 25–50(60) cm; lang gestreckter Körper; endständiges Maul, zur Laichzeit beim ♂ zum Laichhaken verformt; Fettflosse.

Vomerstiel meist zweireihig bezahnt, Vomerplatte mit 2–6 Zähnen; 110–130 kleine Rundschuppen entlang der Seitenlinie; **Flossenformel** R 11–15, Br 11–16, B 7–10, A 9–14, S 19.

Lebensweise Rheophiler Bewohner sauberer Bäche (Forellenregion); Fried- und Raubfisch; Kiesgrubenlaicher von Okt–Mär bei 4–8 °C Wt; 500–3500 Eier pro ♀; mit 2–3 Jahren ab 18–25 cm Länge geschlechtsreif; Höchstalter 20 Jahre.

Vorkommen Einheimisch in EU und Vorderasien.

Bestand heute Gebietsweise stabil, anderswo durch Wasserverschmutzung und v. a. Fließgewässerausbau sowie Verrohrung selbst kleinster Bäche verschwunden; oft durch Besatz erhalten. **RL**

Wissenswert! Die Laichplätze der B. liegen in Bächen auf 20–2500 m Höhe. Das ♀ schlägt mit dem Schwanz eine Laichgrube in flach und schnell überströmten, grobkiesigen Grund, um seine Eier zu vergraben. Aus den 3,8–5,5 mm großen Eiern schlüpfen nach 70–120 Tagen 1,2–2 cm lange Larven, die noch ca. 20 Tage im Kieslückensystem verbleiben. Außerhalb der Laichzeit findet man die B. auch unterhalb der Laichbäche, aber nur dort, wo sie Versteckmöglichkeiten hat. Werden ihr diese genommen, wandert sie ab.

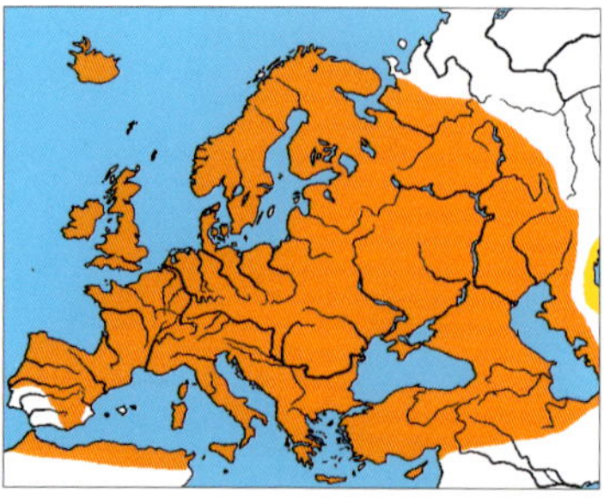

Bachforelle

Meerforelle

Seeforelle

Salmo trutta forma lacustris

Länge 40–80(140) cm; lang gestreckter Körper; endständiges Maul, zur Laichzeit beim ♂ zum Laichhaken verformt; Fettflosse.

Vomerstiel einreihig bezahnt, Vomerplatte mit 2–6 Zähnen; 110–130 kleine Rundschuppen entlang der Seitenlinie; **Flossenformel** R 11–15, Br 11–16, B 7–10, A 9–14, S 19.

Lebensweise Bach- und Seenbewohner; Fried- und Raubfisch; Kiesgrubenlaicher von Okt–Jan bei 4–8 °C Wt; 1000–20 000 gelborange Eier pro ♀; mit 2–5 Jahren ab 35–60 cm Länge geschlechtsreif; Höchstalter 20 Jahre.

Vorkommen In großen, kühlen Seen von N-Russland, Skandinavien, Island, den Britischen Inseln über M.-EU bis zur Alpenregion.

Bestand heute Damm- und Fließgewässerausbau in den Laichgewässern vermindert die Seepopulationen, Besatz und Wiederherstellung der Fischdurchgängigkeit stabilisiert sie. **RL**

Wissenswert! Nach einer Fressphase im See von meist mehreren Jahren zieht die S. zum Laichen in ein- bzw. ausmündende Fließgewässer. Die Eier werden in flach und schnell überströmten Kiesbänken vergraben. Dann kehren die abgelaichten Fische in den See zurück. Die Jungfische ziehen im Alter von 1–2 Jahren in die Seen. Hier halten sich die jugendlichen „Schwebforellen“ in flacheren Wasserschichten auf, die geschlechtsreifen „Grundforellen“ in tieferen.

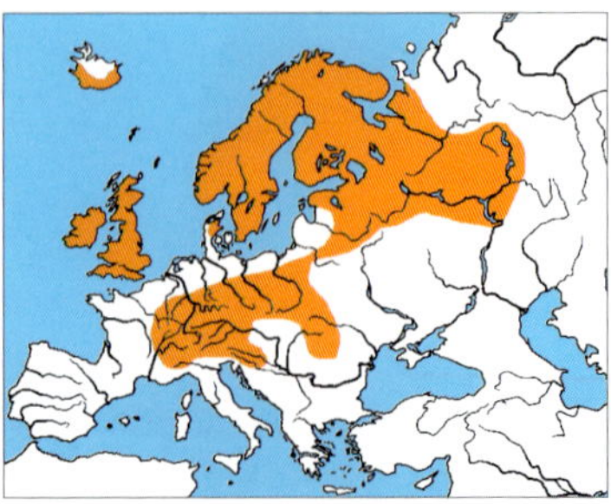

Huchen

Hucho hucho

Länge 60–120(180) cm; lang gestreckter, walzenförmiger Körper; langer Kopf, endständiges Maul, zur Laichzeit beim ♂ oft zum Laichhaken verformt; Fettflosse.

Weite Mundspalte; Vomerstiel unbezahnt, Vomerplatte mit 4–6 kräftigen Zähnen; 180–200 sehr kleine Rundschuppen entlang der Seitenlinie; **Flossenformel** R 13–14, Br 15–17, B 9–10, A 11–14, S 19.

Lebensweise Rheophiler Bewohner der Barben- und Äschenregion großer Flüsse; Raubfisch; Kiesgrubenlaicher von Mär–Mai bei 6–10 °C Wt; 3000–30 000 gelbe Eier pro ♀; ♂ mit 3, ♀ mit 4 Jahren ab 50–70 cm Länge geschlechtsreif; Höchstalter 20 Jahre.

Vorkommen Donaugebiet.

Bestand heute Durch Wehr- und Fließgewässerausbau auf sehr wenige Naturbestände zurückgedrängt, weitgehend durch Besatz erhalten. **RL§**

Wissenswert! Der H. braucht strukturreiche Wasserläufe, um in tiefen Gumpen, hinter Steinen oder unter überhängenden Baumwurzeln seitlich starker oder stärkster Strömung auf Beute zu lauern. Er ernährt sich vor allem von Fischen, überwältigt gelegentlich Wasservögel und Säugetiere und erreicht ein Höchstgewicht von 60 kg. Zum Laichen steigt der H. kurze Strecken im Fluss, in kleinere Zuflüsse oder bis in die Forellenregion auf. Im schnell überströmten Kiesgrund vergräbt das ♀ seine Eier.

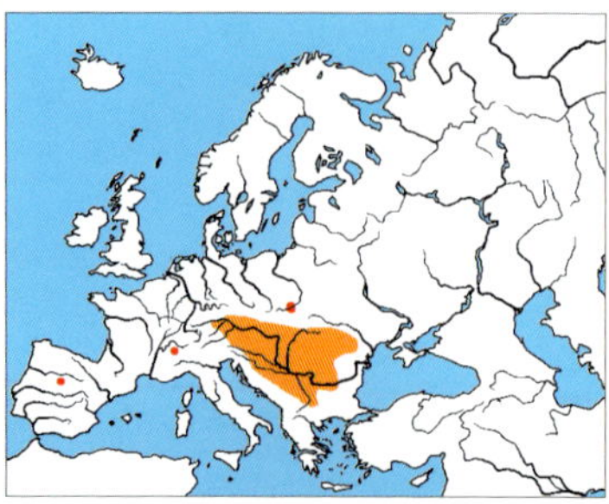

Huchen

Seeforelle

Taimen

Hucho taimen

Länge 60–130(200) cm; walzenförmiger Körper; langer, stark abgeflachter Kopf, endständiges Maul, zur Laichzeit beim ♂ oft zum Laichhaken verformt; Fettflosse.

Weite Mundspalte; Vomerstiel unbezahnt, Vomerplatte mit 6–8 kräftigen Zähnen; 193–242 sehr kleine Rundschuppen entlang der Seitenlinie; **Flossenformel** R 12–16, Br 15–17, B 9–10, A 11–14, S 19.

Lebensweise Rheophiler Bewohner der Barben- und Äschenregion großer Flüsse; Raubfisch; Kiesgrubenlaicher im Mai; 5000–34 000 Eier pro ♀; mit 4–5 Jahren ab 50–70 cm Länge geschlechtsreif; Höchstalter 50 Jahre.

Vorkommen Stromgebiet der oberen Wolga und des Urals, Zuflüsse des Eismeers von der Petschora bis zur Jana, Einzugsgebiet des Amur.

Bestand heute Aufgrund von Dammbauten ohne funktionierende Fischpässe stark rückläufig, nicht mehr in der Wolga, sondern nur noch in ihrem Zufluss Kama.

Wissenswert! Der ausschließlich im Süßwasser lebende T. ist der weltweit größte Lachsfisch, er erreicht ein Höchstgewicht von über 100 kg. Sein Lebensraum sind größere, schnell strömende Wildflüsse mit tiefen Gumpen, wo er auf Beute, hauptsächlich Fische, gelegentlich Vögel und kleine Säugetiere, lauert. Gelaicht wird in flachem, schnell fließendem Wasser auf grobem Kies und Geröll.

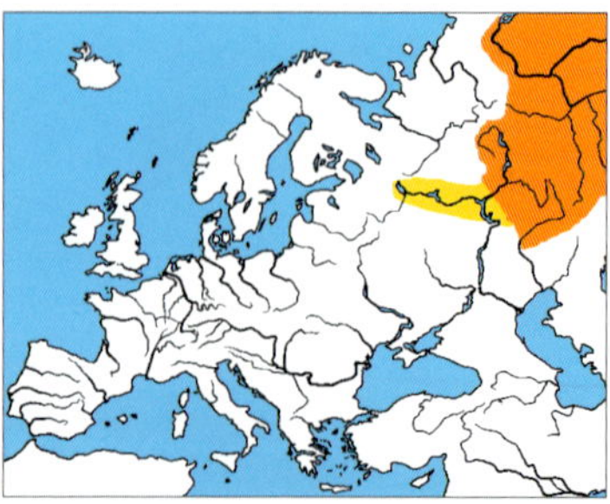

Adriatischer Lachs, Weichmaulforelle

Salmothymus obtusirostris

Länge 25–40(50) cm; lang gestreckter, seitlich abgeflachter Körper mit hohem, kurzem Schwanzstiel; kleiner Kopf mit stumpfer Schnauze und endständigem Maul; Fettflosse.

Mundspalte nur bis zur Augenmitte reichend; sehr breiter, kurzer Oberkiefer; Vomerstiel zweireihig bezahnt, Vomerplatte mit 2–6 Zähnen; 101–103 kleine Rundschuppen entlang der Seitenlinie; **Flossenformel** R 14, Br 11–16, B 7–10, A 11–12, S 19.

Lebensweise Rheophiler Bewohner sauberer, kühler Fließgewässer mit ganzjährig konstanter Wasserführung; Raubfisch; Kiesgrubenlaicher von Okt–Dez; mit 2–3 Jahren geschlechtsreif.

Vorkommen Bosnien-Herzegowina, Kroatien und Montenegro in den Flüssen Rama, Neretva mit Buna (*S. o. oxyrhynchus*), Krka (*S. o. krkensis*), Zeta (*S. o. zetensis*) sowie Zetina und Jadro (*S. o. salonitana*).

Bestand heute Vom Aussterben bedroht durch Wasserverschmutzung, Staudammbau, unkontrollierte Fischerei und Besatz mit konkurrierenden Lachsarten.

Wissenswert! Der A. L. laicht auf flach und schnell überströmten Kiesbänken. Das ♀ schlägt mit dem Schwanz eine Laichgrube im grobkiesigen Gewässergrund, um seine Eier bei gleichzeitiger Besamung durch das ♂ in Portionen zu vergraben. Als Jungfisch ernährt sich der A. L. von wirbellosen Kleintieren.

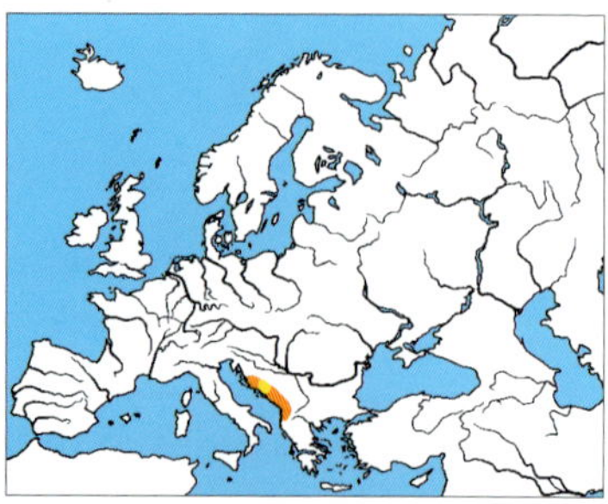

Adriatischer Lachs, Weichmaulforelle

Taimen

Regenbogenforelle

Oncorhynchus mykiss

Länge 30–75(114) cm; lang gestreckter Körper, hoher Schwanzstiel; endständiges Maul, zur Laichzeit beim ♂ zum Laichhaken verformt; Fettflosse.

Vomerstiel ein- bis zweireihig bezahnt, Vomerplatte mit meist 4 Zähnen; 100–160 kleine Rundschuppen entlang der Seitenlinie; **Flossenformel** R 10–12, Br 11–17, B 9–10, A 8–12, S 19.

Lebensweise Rheophiler Bewohner schnell fließender Gewässer oder aber anadromer Wanderfisch (**Stealhead**); Fried- und Raubfisch; Kiesgrubenlaicher von Dez–Mai; 500–14 000 gelborange Eier pro ♀; mit 2–4 Jahren ab 20–50 cm Länge geschlechtsreif; Höchstalter 11 Jahre.

Vorkommen Westliches N-Amerika; die ersten Eier gelangten 1882 nach EU.

Bestand heute Obwohl in großen Mengen als Besatz freigelassen und oft entwichen, gibt es nur sehr wenige Fließgewässer, in denen sich die R. eingebürgert hat, z. B. auf den Britischen Inseln und im Alpengebiet.

Wissenswert! Das natürliche Nahrungsspektrum der R. umfasst wirbellose Bodentiere, Anflug und Fische. Die schnellwüchsige R. ist ein wichtiger Fisch in der Aquakultur. Als Futter dienen Pellets, die hauptsächlich aus Fischmehl bestehen. Auf über 1,5 kg gemästete Tiere gelangen unter dem Handelsnahmen „Lachsforelle" in den Verkauf. Systematisch wird die R. heute den Pazifiklachsen zugeordnet. Als einzige Art dieser Gattung kann sie mehrmals in ihrem Leben laichen.

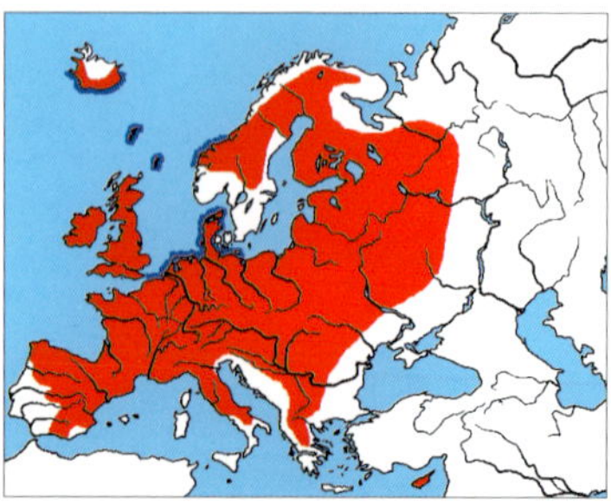

Buckellachs

Oncorhynchus gorbuscha

Länge 40–50(64) cm; lang gestreckter, seitlich abgeflachter Körper; endständiges Maul; Fettflosse.

Vomerstiel und -platte bezahnt; 147–205 sehr kleine Rundschuppen entlang der Seitenlinie; **Flossenformel** R 10–15, Br 9–11, B 10–11, A 13–19, S 19.

Lebensweise Anadromer Wanderer; Raubfisch; Kiesgrubenlaicher von Aug–Okt; 1000–1600 Eier pro ♀; mit 2 Jahren geschlechtsreif; Höchstalter 3 Jahre.

Vorkommen Pazifik-Zuflüsse N-Amerikas; ab 1939 in EU (Weißmeer-Zuflüsse) eingeführt.

Bestand heute In Zuflüssen zum Weißen Meer existieren sowohl sich selbst erhaltende als auch vom Besatz abhängige Populationen. Irrgäste vor Island, Schottland und Norwegen.

Wissenswert! Wie auch bei vielen anderen Lachsen verformt sich zur Laichzeit das Maul des ♂, der Unterkiefer wird zum Laichhaken. Die Färbung wechselt von silbrig zu bunt. Nur beim ♂ dieser Art bildet sich dann vor der R der charakteristische Buckel aus. Nachdem das ♀ mit dem Schwanz eine Laichgrube im flach und schnell überströmten, grobkiesigen Gewässergrund geschlagen hat, schwimmen ♂ und ♀ dicht aneinander geschmiegt. Unter heftigem Zittern werden Eier und Milch entlassen und mit Kieselsteinen zugedeckt. Wie bei anderen Pazifiklachsen verenden die Elterntiere nach dem Ablaichen.

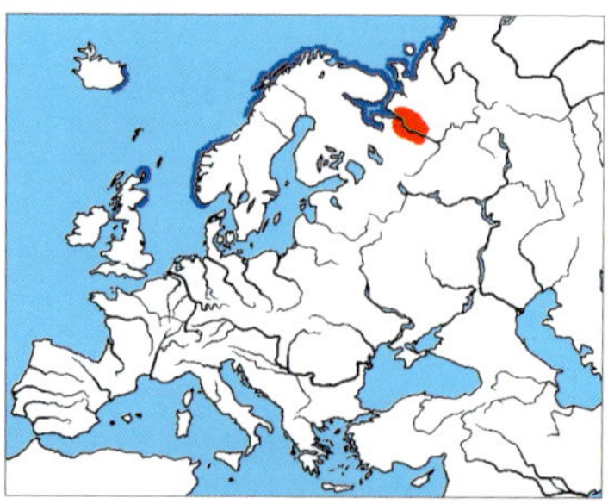

Buckellachs

Regenbogenforelle

Bachsaibling

Salvelinus fontinalis

Länge 20–40(56) cm; lang gestreckter Körper; endständiges Maul mit weiter Mundspalte; Fettflosse.

Vomerstiel unbezahnt, Vomerplatte mit 8 Zähnen; 122–240 sehr kleine Rundschuppen entlang der Seitenlinie; **Flossenformel** R 9–14, Br 11–14, B 8–10, A 9–14, S 19.

Lebensweise Rheophiler Bewohner sauerstoffreicher Fließgewässer, gelegentlich kalter Seen, anadrome Formen sind bekannt; Fried- und Raubfisch; Kiesgrubenlaicher von Sep–Mär; 100–3000 gelborange Eier pro ♀; mit 1–2 Jahren ab 18–21 cm Länge geschlechtsreif; Höchstalter 24 Jahre.

Vorkommen Atlantik-Zuflüsse N-Amerikas; ab 1868 in EU eingeführt und verstreut in Gewässern bis in über 2500 m Höhe eingesetzt.

Bestand heute In einigen Gewässern der Britischen Inseln, Skandinaviens sowie des Pyrenäen-, Alpen- und Karpatengebiets eingebürgert.

Wissenswert! Der B. wird als Besatz- und Speisefisch gelegentlich in Aquakultur gehalten. Kreuzungen zwischen B. und Bachforelle (⇨ S. 38) ergeben gelbgrün marmorierte „Tigerfische", sterile, aber schneller wachsende Bastarde. Da auch im Bach oft Kreuzungen auftreten, ist der Nachwuchs in Gewässern, die beide Arten nebeneinander enthalten, gefährdet. Das ♀ vergräbt seine Eier im lockeren Kies. B. fressen wirbellose Kleintiere, im Alter auch Fische.

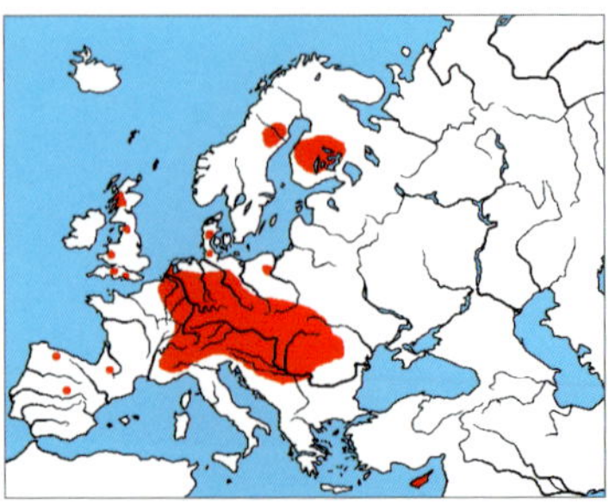

Amerikanischer Seesaibling

Salvelinus namaycush

Länge: 40–80(126) cm; lang gestreckter Körper; endständiges Maul mit weiter, bis hinter das Auge reichender Mundspalte, große ♂ mit hakenförmiger Aufkrümmung des Unterkiefers; Fettflosse.

Vomerstiel unbezahnt, Vomerplatte mit 6–8 Zähnen; ca. 200 sehr kleine Rundschuppen entlang der Seitenlinie; **Flossenformel** R 10–14, Br 11–14, B 8–10, A 9–14, S 19.

Lebensweise Lakustrischer Bewohner großer, tiefer, kalter, klarer, nährstoffarmer Seen; Raubfisch; Kiesgrubenlaicher von Sep–Nov; ein ♀ von 80 cm Länge liefert etwa 18 000 Eier; mit 5–7 Jahren geschlechtsreif; Höchstalter 25 Jahre.

Vorkommen Alaska, Kanada, nördlichste Staaten der USA; ab 1888 in EU eingeführt, verstreut in Gewässern mehrerer Länder, hauptsächlich Skandinaviens und der Alpenregion, eingesetzt.

Bestand heute Nur in sehr wenigen, fast ausschließlich größeren stehenden Gewässern Schwedens und im Alpengebiet eingebürgert, z. B. in der Schweiz in Seen bis in 2820 m Höhe.

Wissenswert! Der A. S. laicht zwischen Steinen auf Kiesgrund, in dem die Eier vergraben werden. Während sich die Jungfische am Seeufer aufhalten, ziehen sich die Elterntiere in bis zu 120 m Tiefe zurück. Der A. S. besitzt ein großes Nahrungsspektrum und wird selbst in extrem nährstoffarmen Bergseen bis zu 3 kg schwer.

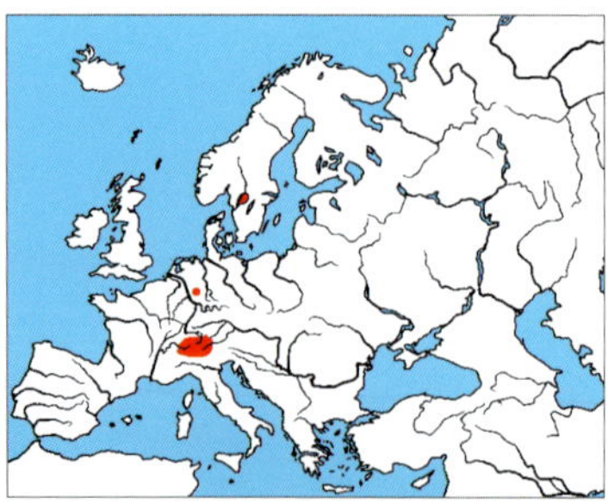

Amerikanischer Seesaibling

Bachsaibling

Saibling

Salvelinus alpinus

Länge 25–75(88) cm; lang gestreckter, seitlich abgeflachter Körper; endständiges Maul; Fettflosse.

Vomerstiel unbezahnt, Vomerplatte mit 3–7 Zähnen; 190–250 sehr kleine Rundschuppen entlang der Seitenlinie; **Flossenformel** R 12–15, Br 13–15, B 8–10, A 10–13, S 19.

Lebensweise Lakustrischer Bewohner kalter, klarer, nährstoffarmer Seen, in den nördlichen Regionen anadromer Wanderer; Fried- und Raubfisch; Kiesgrubenlaicher von Sep–Dez bzw. Feb–Mär; 100–10 000 gelbbraune Eier pro ♀; ♂ mit 2–5, ♀ mit 3–7 Jahren geschlechtsreif; Höchstalter 11 Jahre.

Vorkommen Anadrom im Gebiet des nördlichen Eismeers in EU, Asien, N-Amerika; stationär in Skandinavien, Frankreich, auf den Britischen Inseln und im Alpengebiet bis in 1700 m Höhe.

Bestand heute Wanderform meist stabil; stationäre Formen sind in eutrophierten Seen oft vom Besatz abhängig, in Seen und Talsperren durch Besatz weiter verbreitet, in der Schweiz in Bergseen bis zu 2680 m Höhe. **RL**

Wissenswert! In Seen liegen die kiesgründigen Laichplätze in Tiefen zwischen 1 und 90 m, in Fließgewässern an flach und schnell überströmten Stellen. Als **Seesaibling** bildet er kleinwüchsige Fried- und stärkerwüchsige Raubfischformen aus, als ins Meer ziehender **Wandersaibling** wird er zum großwüchsigen Fischfresser.

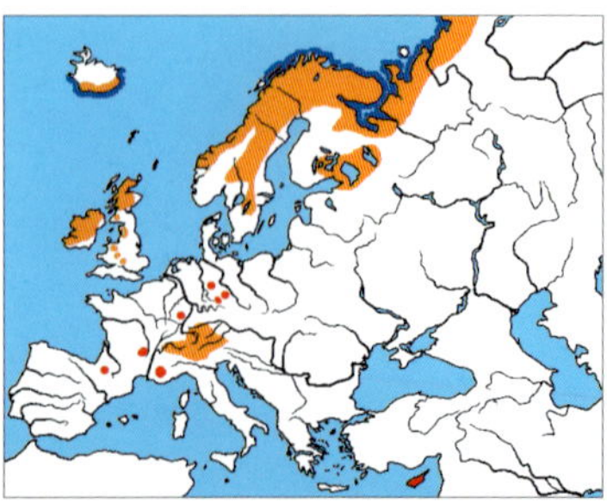

Kleine Maräne

Coregonus albula

Länge 15–30(45) cm; heringsähnlicher Körper, kleiner Kopf; oberständiges Maul; 36–52 Krd; Fettflosse.

75–87 mittelgroße Rundschuppen entlang der Seitenlinie; **Flossenformel** R 11–13, Br 13–18, B 11–12, A 13–17, S 19.

Lebensweise Lakustrischer Bewohner nährstoffärmerer, vor allem in der Tiefe sauerstoffreicher Seen, anadrom im schwach brackigen Ostseebereich; Friedfisch; Freiwasser-Gesteinlaicher von Okt–Dez; 1700–20 000 Eier pro ♀; mit 2 Jahren ab 14–18 cm Länge geschlechtsreif; Höchstalter 6 Jahre.

Vorkommen N- und M.-EU.

Bestand heute Durch Eutrophierung und Versauerung aus einigen Seen verschwunden, durch Besatz z. T. gestützt und weiter verbreitet in Seen, Stauseen und Tagebaurestgewässern. **RL**

Wissenswert! Als in großen Schwärmen lebender Freiwasserfisch ernährt sich die K. M. von Plankton. Die Jungfische bleiben zunächst in den obersten Wasserschichten, später siedeln sie in tiefere um. In geschichteten Seen hält sich die K. M. im kühlen, sauerstoffreichen Tiefenwasser unterhalb der Sprungschicht auf. Wird das Wasser durch Herbststürme durchmischt und überall gleich warm, sammeln sich die Laichschwärme an Untiefen 2–3 m unter der Wasseroberfläche. Bei einer Wt von rund 7 °C werden die klebrigen Eier über Kies und Steinen abgelegt.

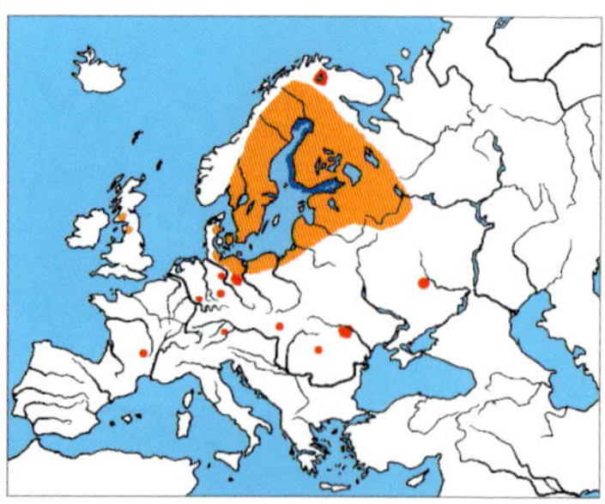

Kleine Maräne

Saibling

Renken, Felchen, Große Maränen

Coregonus spp.

Länge 15–70(120) cm; schlanker Körper; kleiner Kopf; end- oder unterständiges Maul; 15–68 Krd; Fettflosse.

72–107 mittelgroße Rundschuppen entlang der Seitenlinie; **Flossenformel** R 13–18, Br 16–19, B 10–15, A 12–19, S 19.

Lebensweise Sowohl lakustrische Bewohner größerer und kleinerer Seen als auch anadrome Wanderer; Friedfische; Freiwasser-Gesteinlaicher von Sep–Jan; 2000–50 000 Eier pro ♀; mit 2–4 Jahren geschlechtsreif; Höchstalter 20 Jahre.

Vorkommen Zirkumpolar.

Bestand heute In einzelnen Seen aufgrund von Eutrophierung, in Fließgewässern infolge von Gewässerausbau verschwunden; Besatz. **RL**

Wissenswert! Die R. kommen in vielerlei Formen vor, in Fachkreisen ist die Diskussion der Artzuordnungen noch nicht abgeschlossen. So gibt es in Seen Bodenrenken, die sich vor allem von kleinen Tieren des Gewässergrunds ernähren, und Schwebrenken (⇨ S. 52), deren Nahrung hauptsächlich aus im Wasser schwebenden Tieren besteht. Darüber hinaus existieren Wandermaränen (⇨ S. 52), die sich im Meer- und Brackwasser überwiegend von Bodentieren ernähren. Eines der wichtigsten Zuordnungsmerkmale ist die Zahl der Krd. Hauptsächlich Plankton verzehrende Renken besitzen mehr und schlankere Krd als Bodentierfresser, deren Krd weniger zahlreich und zudem gröber sind.

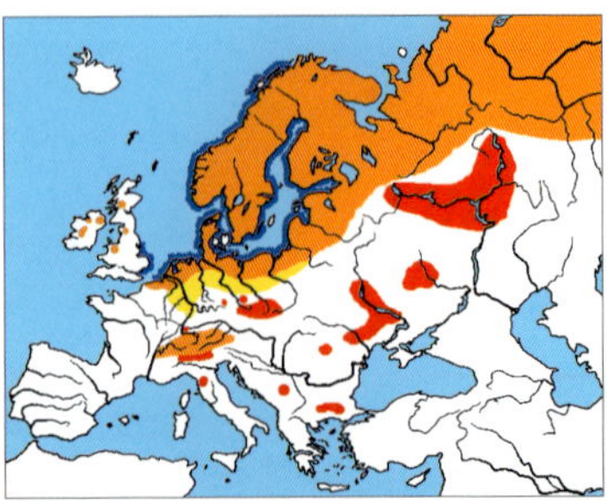

Bodenrenken

Coregonus arenicolus-widegreni-gutturosus-Gruppe

Länge 15–60(120) cm; schlanker Körper; mehr oder weniger unterständiges Maul; 15–28 Krd; Fettflosse.

72–95 mittelgroße Rundschuppen entlang der Seitenlinie; **Flossenformel** R 13–17, Br 16–17, B 10–13, A 12–17, S 19.

Lebensweise Lakustrische Bodenbewohner großer, tiefer, kühler, auch im Tiefenwasser sauerstoffreicher Seen; Friedfische; Freiwasser-Gesteinlaicher von Sep–Jan; 4000–50 000 Eier pro ♀; mit 2–4 Jahren geschlechtsreif; Höchstalter 20 Jahre.

Vorkommen Zirkumpolar; in Seen des Ostseegebiets und in verschiedenen Seen der Voralpen.

Bestand heute Z. T. durch Besatz gestützt. **RL**

Wissenswert! Die B. ernähren sich vorwiegend von Bodentieren wie Würmern, Muscheln, Schnecken und Insektenlarven, nur ausnahmsweise nebenbei auch von tierischem Plankton. Neben frohwüchsigen Arten wie dem **Sandfelchen** *C. arenicolus* und der **Großen Maräne** *C. widegreni* gibt es eher schlechtwüchsige wie den **Kilch** *C. gutturosus*, einen ausgesprochenen Tiefenfisch. Während der Kilch seine Nahrung im schlammigen Seegrund sucht, durchstreifen die frohwüchsigen Bodenrenken auch die Uferzone und Seeabhänge, wobei die über den Boden verstreuten Nahrungstiere sie mehr zu einem Leben als Einzelgänger zwingen. Sie laichen im flachen, oft 2–5 m tiefen Wasser über Steingeröll.

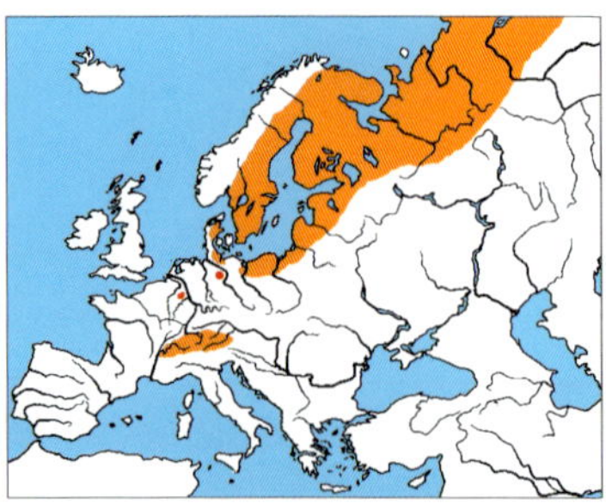

Bodenrenken

Renken, Felchen, Große Maränen

Schwebrenken

Coregonus wartmanni-nilssoni-macrophthalmus-Gruppe

Länge 25–50(62) cm; schlanker Körper; kleiner, schmaler Kopf; endständiges oder leicht unterständiges Maul; 33–50 Krd; Fettflosse.

84–107 mittelgroße Rundschuppen entlang der Seitenlinie; **Flossenformel** R 13–17, Br 16–17, B 10–13, A 13–17, S 19.

Lebensweise Lakustrische Freiwasserbewohner größerer und kleinerer, auch nicht ganz nährstoffarmer Seen; Friedfische; Freiwasser-Gesteinlaicher von Okt–Jan; 3000–12 000 Eier pro ♀; mit 2–4 Jahren geschlechtsreif; Höchstalter 10 Jahre.

Vorkommen Baltische Seen in Russland; Estland, Schweden, Dänemark, Polen; Voralpenseen.

Bestand heute Aufgrund ihrer Sauerstofftoleranz nicht so sehr durch Eutrophierung in Bedrängnis geraten; Besatz seit mehr als 120 Jahren, oft jährlich; dadurch auch weiter verbreitet. **RL**

Wissenswert! In geschichteten Seen halten sich die S. während des Sommers in maximaler Anzahl dicht unterhalb der Sprungschicht auf, z. B. in 11 °C warmem Wasser in 13–15 m Tiefe. Ihnen genügt dabei ein niedriger Sauerstoffgehalt von 3 mg/l. Der Grund für diesen Aufenthaltsbereich liegt in der Massenansammlung von Planktonkrebsen, ihrer Hauptnahrung, in dieser Wasserschicht. **Blaufelchen** *C. wartmanni* und **Edelmaräne** *C. nilssoni* sind frohwüchsig, der **Gangfisch** *C. macrophthalmus* dagegen schlechtwüchsig.

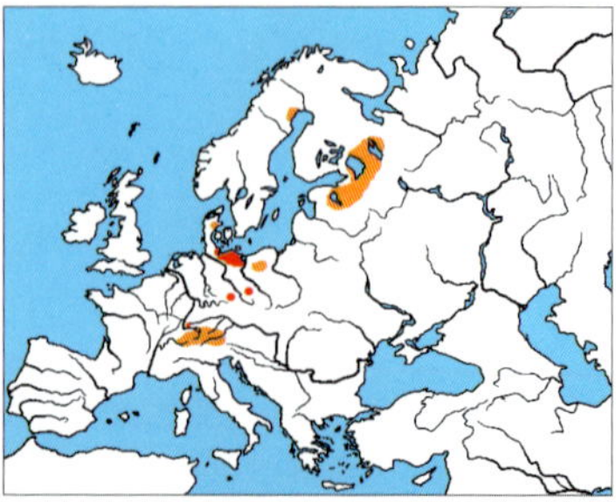

Schnäpel, Wandermaräne

Coregonus oxyrinchus-maraena-Gruppe

Länge 30–50(70) cm; schlanker Körper; unterständiges Maul mit kegelförmig zur eigentümlichen „Schnäpelnase" verlängerter Schnauze; 25–35 Krd; Fettflosse.

82–105 Rundschuppen entlang der Seitenlinie; **Flossenformel** R 13–17, Br 16–17, B 12–13, A 14–17, S 19.

Lebensweise Anadrome Wanderer im Gebiet der Nord- und Ostsee, nur ausnahmsweise in Seen; Friedfische; Freiwasser-Gesteinlaicher von Nov–Dez bei etwa 3–7 °C Wt; 2000–50 000 Eier pro ♀; mit 3–4 Jahren ab 30–35 cm Länge geschlechtsreif; Höchstalter 10 Jahre.

Vorkommen Als **Nordseeschnäpel** *C. oxyrinchus* im Gebiet der östlichen Nordsee, als **Ostseeschnäpel** *C. maraena* im Ostseeraum.

Bestand heute Durch Fließgewässerausbau in fast allen Nordsee- und einigen Ostseezuflüssen trotz vorübergehender Besatzmaßnahmen verschollen, im Madüsee ausgestorben. Aus dem einzig verbliebenen Nordseebestand in der Vidå in Dänemark werden seit 1987 andere Flüsse, z. B. Elbe und Treene, besetzt. **RL§** (in bestimmten Gebieten).

Wissenswert! Die „Schnäpelnase" ist umso stärker ausgeprägt, je salzhaltiger das Wasser ist, in dem die Fische leben. Der Schnäpel frisst Bodentiere. Zum Laichen zieht er in kleine und große Flüsse. Laichplätze liegen z. B. in der Loiter Au 4–5 km von der Mündung entfernt, im Rhein bis zu 700 km stromaufwärts.

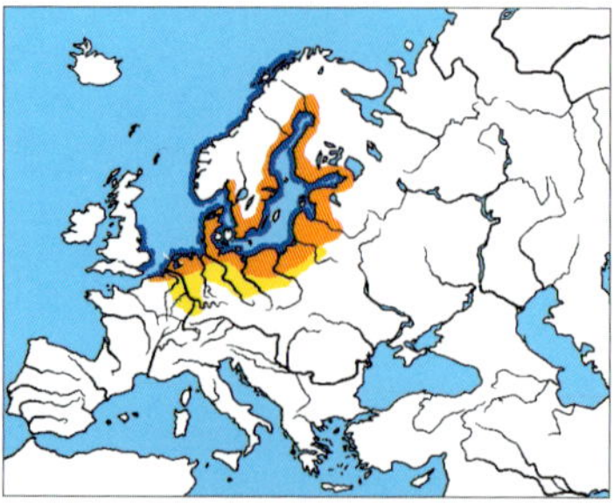

Schnäpel, Wandermaräne

Schwebrenken

Peledmaräne

Coregonus peled

Länge 30–40(75) cm; relativ hochrückiger Körper; kleiner Kopf; endständiges Maul; 49–68 Krd; Fettflosse.

Ca. 80–100 mittelgroße Rundschuppen entlang der Seitenlinie; **Flossenformel** R 13–16, Br 16–17, B 10–12, A 12–16, S 19.

Lebensweise Sowohl anadromer Wanderer vor allem im Mündungsgebiet sibirischer Flüsse als auch lakustrischer Bewohner von Seen; Friedfisch; Freiwasser-Gesteinlaicher von Sep–Nov; 29 000–105 000 Eier pro ♀; Höchstalter 10 Jahre.

Vorkommen Das Hauptverbreitungsgebiet liegt im nördlichen Asien, in EU kommt sie in den Flüssen Meezen und Petschora in Russland und im Storvindeln See in Schweden vor.

Bestand heute Stabil, ab 1954 in mitteleuropäischen Seen, z. B. in D, Russland, Finnland, Polen, Tschechien und Jugoslawien besetzt.

Wissenswert! Die P. legt während ihres Laichaufstiegs oft beträchtliche Strecken zurück. Dann trifft sie nach etwa 2 Monaten an den Laichplätzen ein. Diese liegen sowohl in Flüssen als auch in Seen auf flachen Kiesbänken. Nach dem Ablaichen wandern die Elterntiere flussabwärts, ebenso später die einsömmrigen Jungfische. Als Nahrung dienen der P. wirbellose Kleintiere. In Seen eingesetzt, kreuzt sich die P. mit anderen Renken, sodass reine Formen in solchen Seen kaum noch unterschieden werden können.

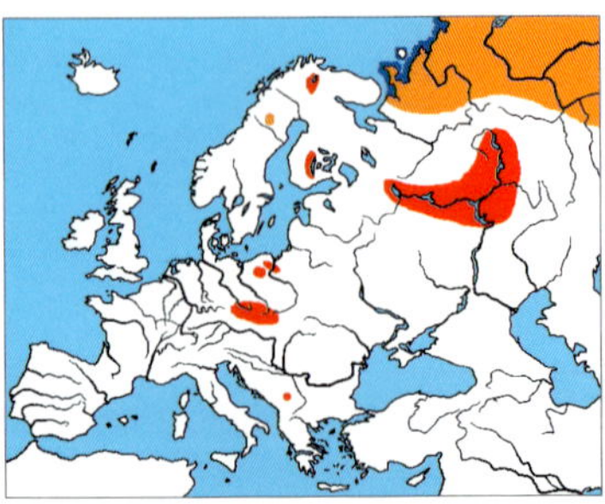

Weißlachs

Stenodus leucichthys

Länge 80–100(130) cm; lang gestreckter, seitlich wenig abgeflachter Körper; langer Kopf mit spitzer Schnauze; großes, endständiges Maul mit vorstehendem Unterkiefer.

Kiefer, Vomer und Zunge bezahnt; 88–118 mittelgroße Rundschuppen entlang der Seitenlinie; 19–26 Krd; Fettflosse; **Flossenformel** R 11–19, Br 16–17, B 10–12, A 11–19, S 19.

Lebensweise Anadromer Wanderer; Raubfisch; Kieslaicher von Okt–Nov; 130 000–420 000 Eier pro ♀; mit 8–10 Jahren ab 80–95 cm Länge geschlechtsreif; Höchstalter 20 Jahre.

Vorkommen Kaspisches Meer und seine nördlichen Zuflüsse Wolga mit Kama und Ufa, Ural, Terek (Unterart *S. l. leucichthys*) sowie Küstengewässer, Seen und Flüsse vom Weißmeergebiet und Sibirien bis nach N-Amerika *(S. l. nelma)*.

Bestand heute Durch erhaltenden bzw. fischereifördernden Besatz geprägt; in den Flüssen zum Kaspischen Meer sind die Laichplätze durch Staumauern kaum mehr erreichbar.

Wissenswert! Um die Laichplätze zu erreichen, überwindet der W. ohne Nahrungsaufnahme im Süßwasser bis zu 3000 km lange Strecken. Die Laichwanderung findet im Leben des W. nur 2- bis 3-mal statt. Gelaicht wird über Kiesgrund, auf dem die klebrigen Eier anhaften. Die im Frühjahr schlüpfenden Larven ziehen stromabwärts und kommen als Jungfische ab Jun im Meer an.

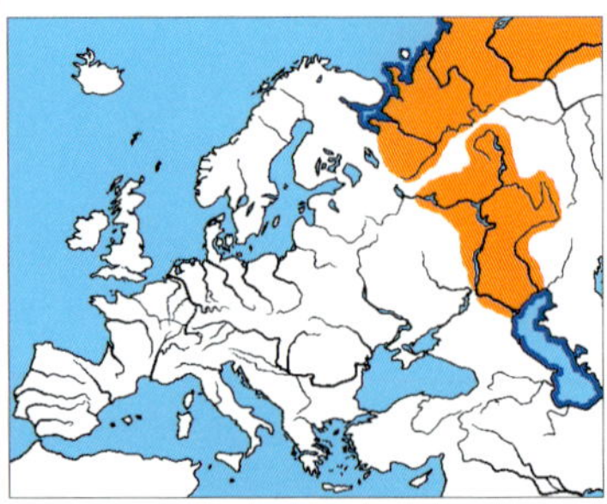

Weißlachs

Peledmaräne

Äsche

Thymallus thymallus

Länge 30–40(60) cm; lang gestreckter Körper; kleines, etwas unterständiges Maul; Fettflosse; große R, die des ♂ noch länger als die des ♀.

Vomerstiel unbezahnt, Vomerplatte mit 6–10 Zähnen; 74–96 mittelgroße Rundschuppen entlang der Seitenlinie; **Flossenformel** R 21–31, Br 14–17, B 10–12, A 12–19, S 19–21.

Lebensweise Rheophiler Bewohner sauberer, kühler, schnell fließender Gewässer (Äschenregion); Friedfisch; Kiesgrubenlaicher von Mär–Mai bei 8–10 °C Wt; 600–14 000 bräunlich gelbe Eier pro ♀; ♂ mit 2, ♀ mit 3 Jahren ab 23–30 cm Länge geschlechtsreif; Höchstalter 14 Jahre.

Vorkommen Sehr unregelmäßige Verbreitung in W-, M.-, O- und N-EU bis in 1800 m Höhe.

Bestand heute Nach verbesserter Wasserqualität zunehmend, bei negativer Wirkung von Gewässerausbau und Stauhaltung meist Besatz; erhebliche Dezimierung durch Einfall des Kormorans. **RL**

Wissenswert! Gewöhnlich steht die Ä. in kleinen Scharen in tiefen Gumpen, die sich mit steinig-kiesigen Flachwasserstrecken abwechseln. Das ♀ schlägt mit dem Schwanz im flach und schnell überströmten, grobkiesigen Gewässergrund eine Laichgrube. Beim Laichen werden die Eier im Kiesgrund vergraben. Als Nahrung dienen der Ä. Wasser- und Luftinsekten, Würmer, Schnecken und gelegentlich kleine Fische.

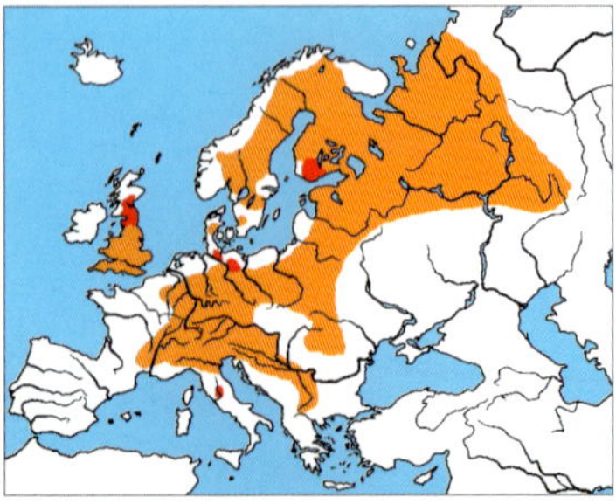

Stint

Osmerus eperlanus

Länge 10–20(30) cm; schlanker, durchscheinender Körper; großes, bezahntes Maul; Fettflosse.

Vomer bezahnt; unvollständige Seitenlinie über 8–10 Schuppen, 60–65 große Rundschuppen in einer Längsreihe; **Flossenformel** R 9–12, Br 10–13, B 7–9, A 13–17, S 19.

Lebensweise Anadromer Wanderer oder stationärer Seenbewohner; Fried- und Raubfisch; Freiwasser-Gesteinlaicher von Feb–Mai; 6500–50 000 gelbliche Eier pro ♀; mit 2 Jahren ab 7–10 cm Länge geschlechtsreif; Höchstalter 8 Jahre.

Vorkommen Als wandernder **Seestint** *(O. e. eperlanus)* in Ästuaren und entlang der Küsten von NW-EU, als kleiner bleibender **Binnenstint** *(O. e. spirinchus)* in Seen des Ostsee-, Wolga- und Petschora-Gebiets sowie im Rostherne Mere, England.

Bestand heute In Ästuaren nach verbesserter Wasserqualität wieder stabil, aus einigen Seen infolge Eutrophierung verschwunden.

Wissenswert! In oft großen Schwärmen hält sich die Wanderform im Brackwasser der Flussmündungen und im Küstenbereich auf. Zum Laichen ziehen die Schwärme in die Flüsse hinein, bleiben jedoch meist innerhalb der Gezeitenzone. Die klebrigen Eier sinken und haften an jeglichen Substraten an. Vom Untergrund losgerissene Eier flottieren im Wasser. Nach 20–35 Tagen schlüpfen die Larven und driften stromabwärts.

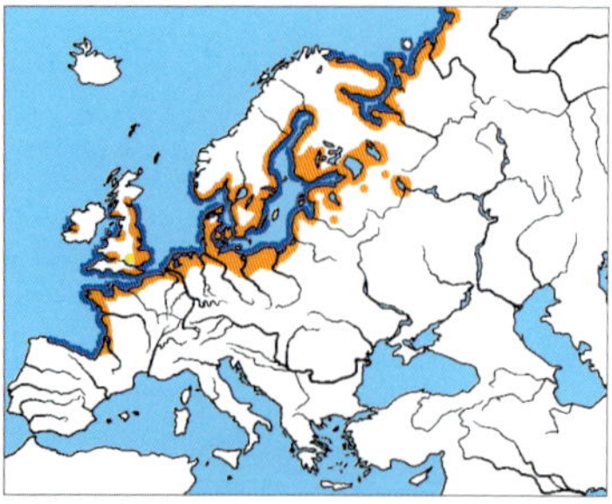

Stint

Äsche

Hundsfisch

Umbra krameri

Länge 5–9(13) cm; gestreckter, fast drehrunder Körper mit weit nach hinten verlagerter R; oberständiges Maul mit feinsten Zähnen.

33–36 große Rundschuppen in einer Längsreihe; **Flossenformel** R 15–17, Br 10–15, B 6, A 6–9, S 9–13.

Lebensweise Limnophiler Bewohner kleiner stehender und langsam fließender, pflanzenreicher, weichgründiger Gewässer, gern im sumpfigen Überflutungsgelände der Flüsse, in Gräben, Mooren und Sümpfen; Friedfisch; Pflanzenlaicher von Mär–Apr bei 12–18 °C Wt; 1000–2500 Eier pro ♀; mit 1 Jahr ab 5–6 cm Länge geschlechtsreif; Höchstalter 3,5 Jahre.

Vorkommen Verstreut im Einzugsbereich der mittleren und unteren Donau über den Pruth bis zum Unterlauf des Dnjestr; Plattensee, Odessa.

Bestand heute Gebietsweise durch Trockenlegung von Sumpfgebieten verschwunden. §

Wissenswert! Zusätzlich zur Wasseratmung über die Kiemen kann der zählebige H. geschluckte Luft über die Schwimmblase atmen. Deshalb ist er in extrem sauerstoffarmen Gewässern nicht selten die einzige Fischart. Das ♀ besetzt ein Revier, in dessen Zentrum es seine 1,8–2 mm großen Eier ablegt. Nachdem das ♂ die Eier besamt hat, bewacht das ♀ sie etwa 10 Tage lang bis zum Schlüpfen der 5–6 mm langen Larven. Diese heften sich mit einem Haftorgan am Kopf an Pflanzen an.

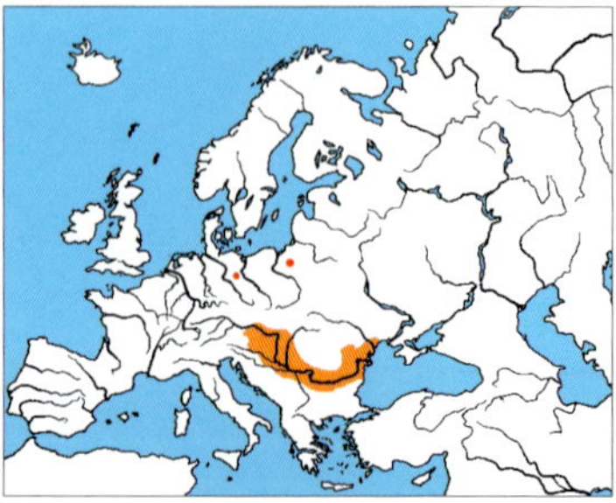

Amerikanischer Hundsfisch

Umbra pygmaea

Länge 5–12(15) cm; gestreckter, fast drehrunder Körper mit weit nach hinten verlagerter R; oberständiges Maul mit feinsten Zähnen.

35–37 große Rundschuppen in einer Längsreihe; **Flossenformel** R 12–16, Br 10–15, B 6, A 8–11, S 9–13.

Lebensweise Limnophiler Bewohner kleiner stehender und langsam fließender, pflanzenreicher Gewässer mit weichem Boden, gern in sumpfigen Flussniederungen, Gräben, Mooren und Torfstichen; Friedfisch; Pflanzenlaicher von Mär–Apr bei 11–17 °C Wt; 1000–2000 Eier pro ♀; mit 1 Jahr ab 5–6 cm Länge geschlechtsreif; Höchstalter 3,5 Jahre.

Vorkommen Aus seiner Heimat, dem östlichen N-Amerika, erstmals 1898 als Aquarienfisch nach EU (D, Frankreich) gebracht.

Bestand heute In D, den Niederlanden, Belgien und Frankreich eingebürgert.

Wissenswert! Der A. H. nimmt den lebensnotwendigen Sauerstoff sowohl über die Kiemen als auch über die Schwimmblase auf, wobei zum Überleben die Wasseratmung über die Kiemen nicht genügt, sondern zusätzlich die Atmung geschluckter Luft über die Schwimmblase nötig ist. Nicht selten ist der zählebige A. H. in extrem sauerstoffarmen Gewässern die einzige Fischart. Gelaicht wird im Zentrum eines Reviers, das vom ♀ besetzt und gegen andere ♀ verteidigt wird. Anschließend bewacht es das Gelege.

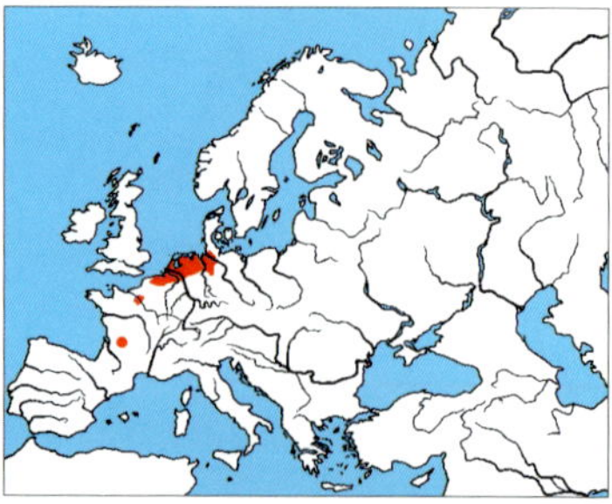

Amerikanischer Hundsfisch

Hundsfisch

Hecht

Esox lucius

Länge 40–120(150) cm; lang gestreckter, fast drehrunder Körper mit weit nach hinten verlagerter R; großes Maul, breite Mundspalte; starke, nach hinten weisende Zähne.

110–130 kleine Rundschuppen entlang der mitunter vielfach unterbrochenen Seitenlinie; **Flossenformel** R 19–23, Br 14–16, B 9–10, A 16–21, S 18–19.

Lebensweise Indifferenter Bewohner stehender und fließender Gewässer; Raubfisch; Pflanzenlaicher von Feb–Mai bei 4–11 °C Wt; 9000–400 000 rötlich braune Eier pro ♀; ♂ mit 2–4, ♀ mit 3–4 Jahren ab 25–40 cm Länge geschlechtsreif; kann über 30 Jahre alt werden.

Vorkommen Zirkumpolar über die Kontinente von EU, Asien und N-Amerika weit verbreitet.

Bestand heute Stabil oder durch Besatz erhalten und weiter verbreitet. **RL**

Wissenswert! Der H. bevorzugt als Standfisch die pflanzenreichen Uferbereiche. Zum Laichen sucht der H. krautbewachsene Uferstellen oder kleinere Seitengräben auf. Am besten eignen sich von Frühjahrshochwässern überschwemmte Wiesen, die allerdings infolge künstlicher Wasserstandsregulierung oft fehlen. Aus den an Pflanzen haftenden Eiern schlüpfen nach 10–30 Tagen die Larven. Diese ruhen für 5–12 Tage, während sie mithilfe von Haftorganen am Kopf an Pflanzen kleben. Ab 4–5 cm Länge erbeutet der H. Fische, auch Artgenossen.

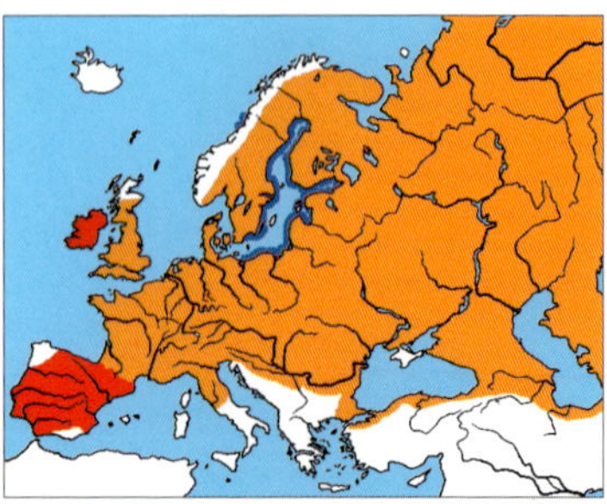

Plötze, Rotauge

Rutilus rutilus

Länge 20–30(50) cm; je nach Alter oder Wohngewässer mehr oder weniger hochrückiger, seitlich abgeflachter Körper; kleines, endständiges Maul.

42–45 große Rundschuppen entlang der Seitenlinie; Schlundzähne einreihig 5–5 oder 6–5; ♂ mit Laichausschlag; **Flossenformel** R 12–14, Br 16, B 10, A 12–14, S 19.

Lebensweise Indifferenter Bewohner kleiner Weiher bis großer Seen sowie langsam fließender, tieferer Bäche bis großer Ströme, Ästuare, Brackgewässer; Friedfisch; Pflanzen-Gesteinlaicher von Apr–Jun bei 10–17 °C Wt; 50 000–200 000 Eier pro ♀; mit 2–4 Jahren ab 12–15 cm Länge geschlechtsreif; Höchstalter 18 Jahre.

Vorkommen EU, nördlich der Pyrenäen und Alpen bis zum Ural und weiter bis Sibirien.

Bestand heute In zumeist hohen Dichten; behauptet sich in vom Menschen veränderten Gewässern; durch Besatz und freigelassene Köderfische weiter verbreitet.

Wissenswert! An seichten Stellen schießen kleine Gruppen von einem oder mehreren ♀ und mehreren ♂ unter lautem Geplätscher in Wasserpflanzenbestände hinein und geben dort gleichzeitig Eier und Milch ab. Die klebrigen Eier haften an den Pflanzen an. Die nach 5–14 Tagen schlüpfenden Larven durchleben, an Pflanzen festgeklebt, ein Ruhestadium. Die P. ernährt sich von tierischer und pflanzlicher Kost. Im Gewässerhaushalt ist sie ein wichtiger Futterfisch für Raubfische wie Hecht und Zander.

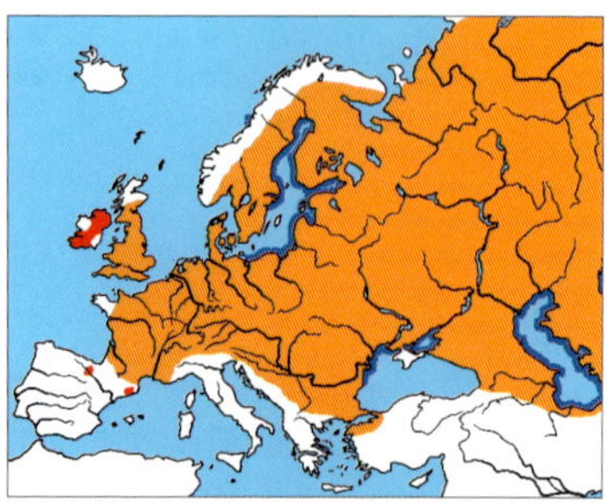

Plötze, Rotauge

Hecht

Frauennerfling, Pigo

Rutilus pigus

Länge 20–30(45) cm; lang gestreckter, seitlich abgeflachter Körper; kleines, leicht unterständiges Maul; 44–49 große Rundschuppen entlang der Seitenlinie.

Schlundzähne einreihig 5–5 oder 6–5; ♂ mit lebhaften Laichfarben, zudem mit einem sehr kräftigen, gelblichen, dornenförmigen Laichausschlag; **Flossenformel** R 12–15, Br 17–18, B 10–11, A 13–15, S 19.

Lebensweise Indifferenter Bewohner tieferer, mäßig strömender Fließgewässer und Seen; Friedfisch; Pflanzen-Gesteinlaicher von Apr–Mai bei 10–14 °C Wt; 25 000–60 000 gelbe Eier pro ♀; mit 2–3 Jahren geschlechtsreif; Höchstalter 20 Jahre.

Vorkommen Obere und mittlere Donau sowie die unteren Strecken ihrer größeren Zuflüsse von D bis Rumänien; Fließgewässer, z. B. Po, Etsch, Piave, Brenta, Sile, Livenza, und Seen der S-Schweiz und N-Italiens bis in 300 m Höhe.

Bestand heute Uneinheitlich; im obersten Donaugebiet verschollen oder sehr selten, im mittleren z. T. zunehmend, südlich der Alpen nicht besonders häufig. Neben Wasserverschmutzung schränken Fließgewässerausbau und Staudammbau die Verbreitung der Art ein. **RL§**

Wissenswert! Der F. hält sich gewöhnlich in größeren Tiefen auf und zieht nur zur Laichzeit ans Ufer, um seine klebrigen Eier zwischen Pflanzen im flachen Wasser abzulegen.

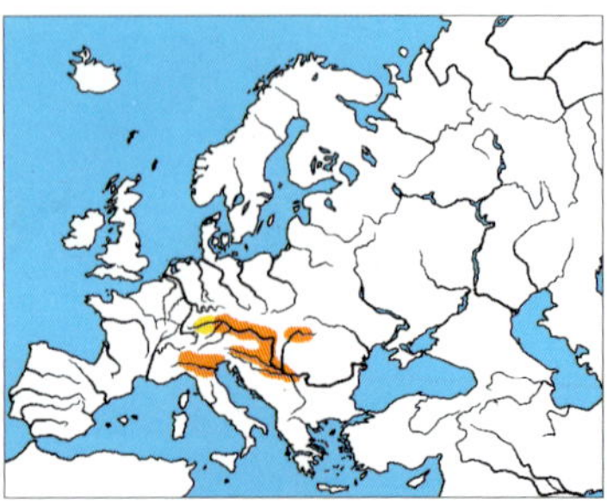

Südeuropäische Plötze

Rutilus rubilio

Länge 20–25(30) cm; hochrückiger, nur wenig gestreckter Körper; kleines, endständiges Maul; ♂ mit Laichausschlag.

36–44 große Rundschuppen entlang der Seitenlinie; Schlundzähne einreihig 5–5; **Flossenformel** R 12–14, Br 17–18, B 10, A 11–14, S 19.

Lebensweise Indifferenter Bewohner kleiner Weiher bis ausgedehnter Seen sowie langsam fließender Bäche bis großer Ströme; Friedfisch; Pflanzenlaicher von Apr–Mai; etwa 50 000 blassgelbe Eier pro ♀; mit 2–3 Jahren geschlechtsreif.

Vorkommen Mittel- und N-Italien, Schweiz (Alpensüdseite), Slowenien, Kroatien und Albanien; auf der Balkanhalbinsel 2 Unterarten, *R. r. ohridanus* im Ohridsee und *R. r. prespensis* im Prespasee in Makedonien.

Bestand heute In vielen Gewässern sehr verbreitet, in S-Italien eingebürgert, besonders in nährstoffreichen Seen in großer Dichte. **§**

Wissenswert! Die S. P. schwimmt in Schwärmen ebenso durch die freien Wasserzonen wie ufernah zwischen Pflanzen. An seichten Stellen laicht sie in Gruppen zwischen Wasserpflanzen. Die klebrigen Eier haften oft in hohen Dichten an den Wasserpflanzen fest. Nach dem Schlüpfen durchleben die Larven, mittels Klebedrüsen am Kopf an Pflanzen angeheftet, eine Ruhephase. Die S. P. ernährt sich vor allem von Kleinkrebsen, Insektenlarven und Würmern.

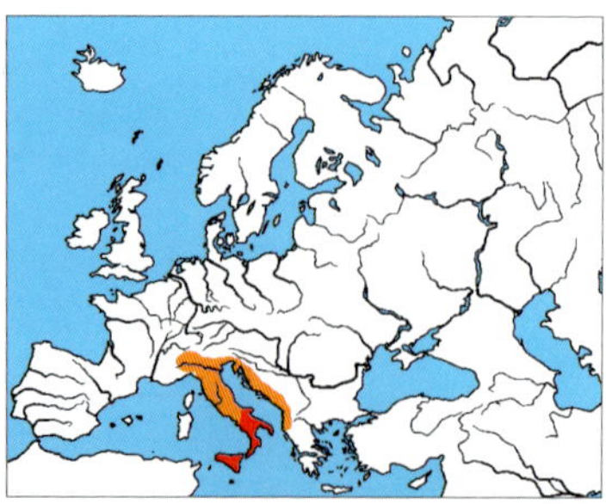

Südeuropäische Plötze

Frauennerfling, Pigo

Portugiesische Plötze

Rutilus macrolepidotus

Länge 12–15(18) cm; hochrückiger, mäßig gestreckter Körper; kleines, endständiges Maul; hellgraues Längsband vom Kiemendeckel bis zur Schwanzflosse.

42–45 große Rundschuppen entlang der Seitenlinie; Schlundzähne einreihig 5–5; **Flossenformel** R 10, Br 16, B 9–10, A 10–11, S 19.

Lebensweise Indifferenter Bewohner stehender und langsam fließender Gewässer; Friedfisch; Pflanzenlaicher von Apr–Jul; 20 000–50 000 klebrige Eier pro ♀; mit 2 Jahren geschlechtsreif.

Vorkommen Im Einzugsbereich der Flüsse Cintra, Alcobaca und Coimbra in Portugal.

Bestand heute Gefährdet. §

Wissenswert! Die P. P. schwimmt in Schwärmen durch die mittleren bis oberen Wasserschichten. Als Nahrung dienen ihr Plankton, Kleinkrebse, Insektenlarven und Würmer. Die ♂ besitzen einen kräftigen Laichausschlag auf den Kiemendeckeln, der Kopfoberseite und dem Rücken. Das Laichen findet im seichten Wasser zwischen dichten Wasserpflanzenbeständen statt. Die Eier kleben oft in erheblichen Dichten an den Pflanzen fest. Nach 7–14 Tagen schlüpfen die Larven. Diese hängen mithilfe ihrer am Kopf befindlichen Klebedrüsen einige Tage an den Wasserpflanzen und zehren von den Vorräten ihres Dottersacks. Nach dieser Ruhephase schwimmen sie frei und schnappen nach kleinsten Planktonorganismen.

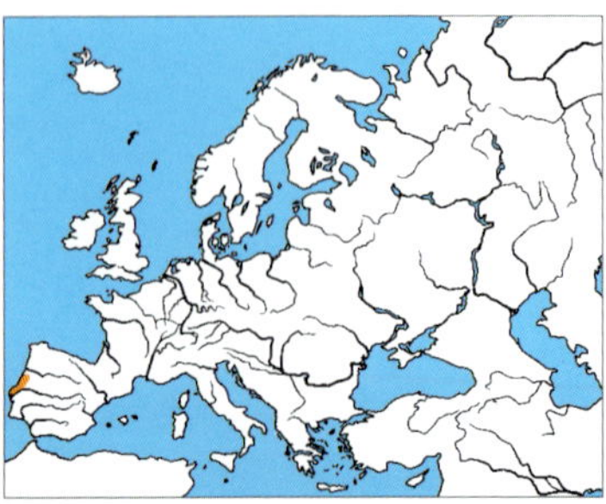

Pardillaplötze

Rutilus lemmingii

Länge 13–14(15) cm; schlanker, lang gestreckter Körper; kleines, leicht unterständiges Maul; dunkles Längsband vom Kiemendeckel bis zur Schwanzwurzel.

52–66 kleine Rundschuppen entlang der Seitenlinie; Schlundzähne einreihig 5–5 oder 6–5; **Flossenformel** R 10, Br 17–18, B 9–10, A 10, S 19.

Lebensweise Indifferenter Bewohner langsamer Fließgewässer, Seen und anderer Stillgewässer; Friedfisch; Pflanzen-Gesteinlaicher von Apr–Mai; mit 2 Jahren geschlechtsreif.

Vorkommen Im Einzugsbereich der Flüsse Douro, Tajo, Guadiana, Guadalquivir und Odiel auf der Iberischen Halbinsel.

Bestand heute Leicht rückläufig, bildet die Nahrung für eingeführte Raubfische wie Sonnenbarsch, Forellenbarsch und Hecht. §

Wissenswert! Die P. ist ein mehr bodenorientierter Schwarmfisch. Die großen Laichschwärme ziehen ins seichte Wasser mit reichlichen Beständen an Wasserpflanzen. Hier haften ihre klebrigen Eier oft in großer Dichte am Pflanzenwuchs. Die frisch geschlüpften Larven hängen zunächst 2–5 Tage lang mittels Klebedrüsen am Kopf an Pflanzen fest. Danach beginnen die Jungfische frei umherzuschwimmen und nach Plankton zu schnappen. Mit zunehmendem Alter ziehen sich die P. allmählich in tiefere Wasserschichten zurück, wo sie sich von kleinen Bodentieren ernähren.

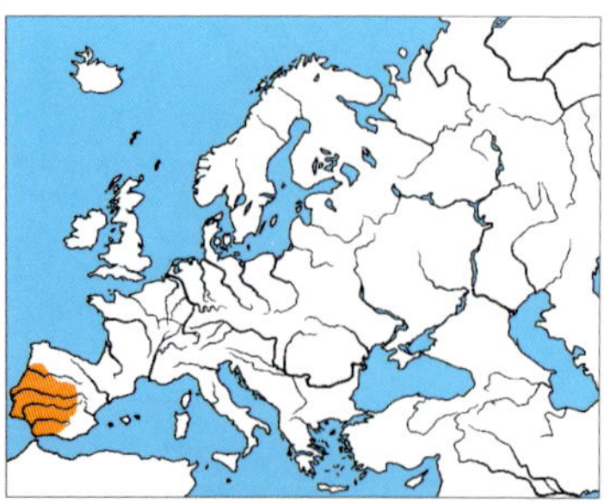

Portugiesische Plötze

Pardillaplötze

Makedonische Plötze

Rutilus macedonicus

Länge 12–15(18) cm; hochrückiger, gedrungener, seitlich abgeflachter Körper; dunkelbraune Längsbinde.

42–45 große Rundschuppen entlang der Seitenlinie; Schlundzähne einreihig 4–4 oder 4–5; **Flossenformel** R 9–10, Br 12–14, B 9, A 9–11, S 19.

Lebensweise Indifferenter Bewohner stehender und langsam fließender Gewässer; Friedfisch; Pflanzen-Gesteinlaicher von Apr–Mai.

Vorkommen In NW-Zuflüssen des Ägäischen Meeres (Vardar, Aliakmon und Pinios) sowie z. B. im Dojransee in Makedonien und Griechenland.

Bestand heute Stabil.

Wissenswert! Die M. P. hält sich gern schwarmweise an seichten, wasserpflanzenreichen Stellen nahe dem Ufer auf. Am Laichplatz treffen die ♂ einige Tage vor den ♀ ein. Im flachen Wasser schießen kleine Gruppen von mehreren ♂ und 1 oder mehreren ♀ in die Wasserpflanzenbestände hinein, um gleichzeitig Eier und Milch abzugeben. Die klebrigen Eier haften an Wasserpflanzen, Wurzelwerk und Steinen. Nach 4–10 Tagen schlüpfen die Larven. Mit dem in dieser Lebensphase mit Klebedrüsen ausgestatteten Kopf hängen sie 2–5 Tage an Wasserpflanzen angeheftet und zehren von ihrem Dottersack. Nach diesem Ruhestadium schwimmen sie frei und ernähren sich zunächst von Plankton, später von Kleinkrebsen, Insektenlarven, Würmern und Anflugnahrung.

Perlfisch, Schwarzmeerplötze

Rutilus frisii

Länge 40–60(88) cm; spindelförmiger, fast drehrunder Körper; kleines, leicht unterständiges Maul.

62–67 kleine Rundschuppen entlang der Seitenlinie; Schlundzähne einreihig 5–5 oder 6–5; **Flossenformel** R 11–12, Br 17–18, B 10–11, A 12–14, S 19.

Lebensweise Bewohner von Seen mit deren Zu- und Abflüssen sowie anadromer Wanderer; Friedfisch; Pflanzen-Gesteinlaicher von Apr–Mai; ca. 140 000 Eier pro ♀; mit 3 Jahren ab 30 cm Länge geschlechtsreif; Höchstalter 12 Jahre.

Vorkommen In Voralpenseen (Chiem-, Traun-, Atter- und Mondsee) im Einzugsgebiet der oberen Donau sowie im Schwarzen, Asowschen und Kaspischen Meer, besonders im Brackwasser, aus dem er zum Laichen weit in die Flüsse, z. B. Dnjestr, Bug, Dnjepr, Don und Batum, aufsteigt.

Bestand heute Im Donaugebiet durch Wasserverschmutzung und Eutrophierung beeinträchtigt; im Chiemsee wieder eingebürgert. **RL§**

Wissenswert! In den Seen hält sich der P. fern vom Ufer in größeren Tiefen auf. Die laichreifen P. schwimmen in Schwärmen kurze Strecken in Zu- und Abflüsse der Seen hinein, um an flachen Stellen zwischen Pflanzen und Steinen auf Kiesgrund ihren Laich abzusetzen.

Namengebend ist der starke bernsteingelbe, perlige Laichausschlag der ♂, v. a. oberhalb der Seitenlinie.

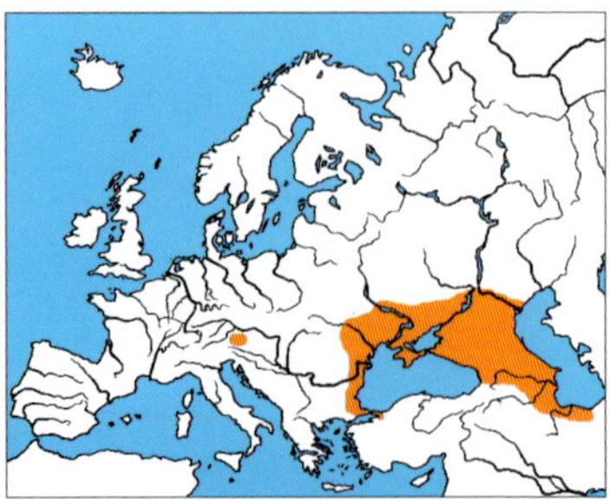

Perlfisch, Schwarzmeerplötze

Makedonische Plötze

Calandinoplötze

Rutilus alburnoides

Länge 10–12 (13) cm; schlanker, lang gestreckter, seitlich abgeflachter Körper; kleines, endständiges Maul; dunkles Längsband oberhalb der Seitenlinie.

38–44 große Rundschuppen entlang der Seitenlinie; Schlundzähne einreihig 5–5; **Flossenformel** R 10, Br 17–18, B 10–11, A 10–12, S 19.

Lebensweise Indifferenter Bewohner pflanzenreicher, langsam fließender oder stehender Gewässer; Friedfisch; Pflanzenlaicher von Apr–Jun.

Vorkommen Im Einzugsgebiet der Flüsse Douro, Tejo, Sado, Guadiana, Odiel und Guadalquivir in Portugal und SW-Spanien.

Bestand heute Durch wasserbauliche Eingriffe und Wasserverschmutzung lokal zurückgegangen. §

Wissenswertes Die C. bevorzugt ruhige Gewässerabschnitte. Sie hält sich dort meist in kleinen Schwärmen nahe der Wasseroberfläche auf. Wirbellose Tiere wie Kleinkrebse oder Wasserinsekten und deren Larven bilden ihre Nahrung. Die Eiablage erfolgt im Schwarm an seichten Stellen zwischen Wasserpflanzen, an denen die klebrigen Eier haften bleiben. Erst nach 2–5 Tagen, in denen sie mittels Klebedrüsen am Kopf an Pflanzen angeheftet sind, beginnen die Jungfische frei umherzuschwimmen. Sie schnappen nach Plankton, das als ihre erste Nahrung dient. Es gibt Bestände der C., die ausschließlich aus triploiden ♀ bestehen.

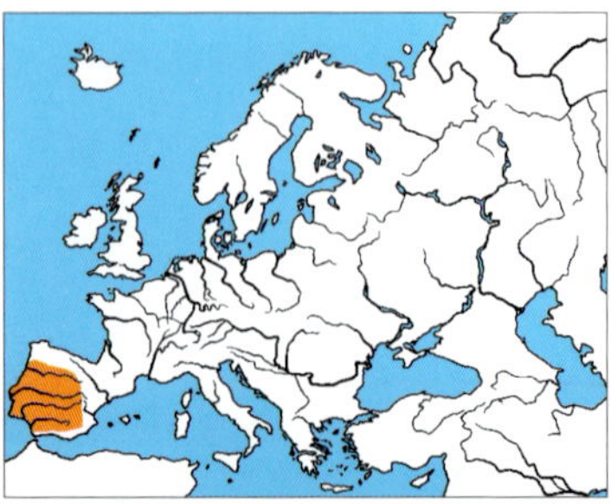

Albanische Plötze

Pachychilon pictum

Länge 12–15(16) cm; lang gestreckter, seitlich abgeflachter Körper; endständiges Maul mit großen, sehr dicken Lippen; ohne Schuppen, jedoch mit vollständiger Seitenlinie.

1. Strahl der R bis um die Hälfte kürzer als die nachfolgenden Strahlen und deutlich von ihnen abgesetzt; kleine, unregelmäßig verteilte braune Punkte und Flecken vom Rücken bis unterhalb der Seitenlinie; Schlundzähne einreihig 5–5; **Flossenformel** R 10–11, Br 17–18, B 10, A 11–12, S 19.

Lebensweise Indifferenter Bewohner von Seen und Fließgewässern; Friedfisch; Pflanzen-Gesteinlaicher von Mai–Aug.

Vorkommen In Albanien und NW-Griechenland in den Seen Skutari und Ohrid sowie in den Oberläufen der Flüsse Vjose/Aoos und Semeni, in Montenegro in Flachlandseen und in den Flüssen Moraca und Zeta.

Bestand heute Stabil, im Fluss Serchio in Italien eingesetzt und eingebürgert.

Wissenswert! Bei der A. P. handelt es sich um einen Schwarmfisch, der im ufernahen Flachwasserbereich nach Nahrung sucht. Sie ernährt sich vor allem von Planktonkrebsen und Insektenlarven. Die geschlechtsreifen Tiere ziehen zwischen die Wasserpflanzen der Uferzone, um sich dort nach lebhaften Balzspielen fortzupflanzen. Ihre klebrigen Eier haften an Pflanzen, Wurzelwerk und am Geröllgrund.

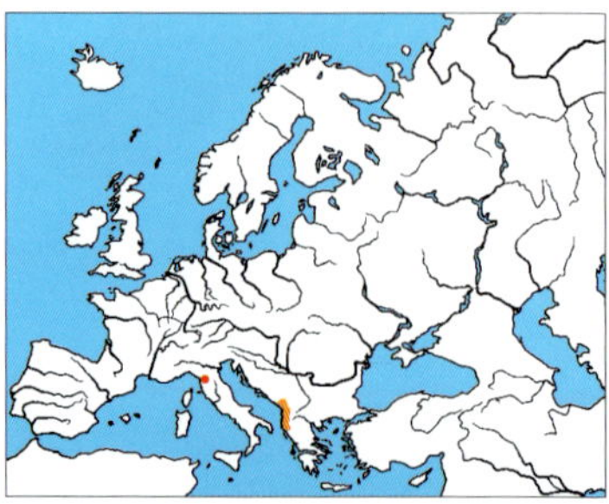

Albanische Plötze

Calandinoplötze

Dalmatinische Elritze

Phoxinellus adspersus

Länge 8–10(12) cm; lang gestreckter Körper; endständiges Maul; der 1. Strahl der R kürzer als die nachfolgenden Strahlen und deutlich von ihnen abgesetzt.

Unvollständige Seitenlinie; Schlundzähne einreihig 5–5 oder 4–5; **Flossenformel** R 9–11, Br 15–16, B 8–9, A 9–11, S 19.

Lebensweise Indifferenter Bewohner von Fließgewässern und Seen; Friedfisch; Gesteinlaicher.

Vorkommen In Kroatien.

Nah verwandte Arten sind *Phoxinellus fontinalis* aus Höhlengewässern und *Ph. croaticus* aus Fließgewässern in Kroatien, *Ph. alepidotus*, *Ph. ghethaldii* aus Höhlen im Popowobecken und *Ph. metohiensis* aus Fließgewässern in Bosnien-Herzegowina, *Ph. prespensis* aus dem Prespasee in Makedonien und *Ph. epiroticus* aus dem Fluss Luro und dem Janninasee in Griechenland.

Bestand heute Keine aktuellen Informationen. §

Wissenswert! Die D. E. lebt in Schwärmen und hält sich gern im freien Wasser auf. Das Schuppenkleid ist in dieser Artengruppe mehr oder weniger stark zurückgebildet. So weist *Ph. alepidotus* nur eine einzige Schuppenreihe entlang der Seitenlinie auf, *Ph. epiroticus* ist mit sehr dünnen, von Haut überzogenen Schuppen bedeckt, bei *Ph. ghethaldii* ist die Brustregion, der mittlere Teil des Rückens und die Unterseite des Schwanzstiels unbeschuppt.

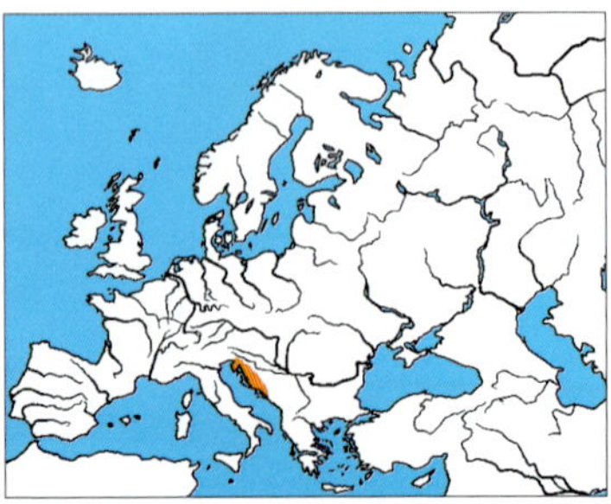

Griechische Elritze

Pseudophoxinus stymphalicus

Länge 8–10(12) cm; lang gestreckter, seitlich stark abgeflachter Körper; stumpfes, endständiges Maul mit schräg nach oben gerichteter Mundspalte.

Seitenlinie unvollständig, nur über die vorderen 2–13 Schuppen; Schlundzähne einreihig 5–5; **Flossenformel** R 9–11, Br 13–17, B 8–9, A 9–11, S 19.

Lebensweise Indifferenter Bewohner von Seen und Quellgebieten einiger Fließgewässer; Friedfisch; Pflanzenlaicher von Dez–Mär.

Vorkommen Im Stymphaliasee und in kleinen Quellbächen auf dem Peloponnes in S-Griechenland. 3 Unterarten wurden beschrieben, *P. s. marathonicus* aus Attica in Mittelgriechenland, *P. s. montenegrinus* aus küstennahen Gewässern und dem Fluss Moraca in Montenegro und *P. s. thesproticus* aus W-Griechenland; nah verwandte Arten sind *P. minutus* aus dem Ohridsee und seinem Einzugsgebiet in Makedonien sowie *P. beoticus* aus dem Ylikisee in Griechenland.

Bestand heute Verbreitet, isolierte Populationen jedoch durch Gewässerveränderung gefährdet oder ausgelöscht; in Montenegro äußerst selten.

Wissenswert! Die in kleinen Schwärmen lebende G. E. wurde früher zur Gattung *Leucaspius* gestellt, und in der Tat besitzt dieser kleine Weißfisch in Körperbau und Beschuppung eine große Ähnlichkeit mit dem Moderlieschen *Leucaspius delineatus* (⇨ S. 74).

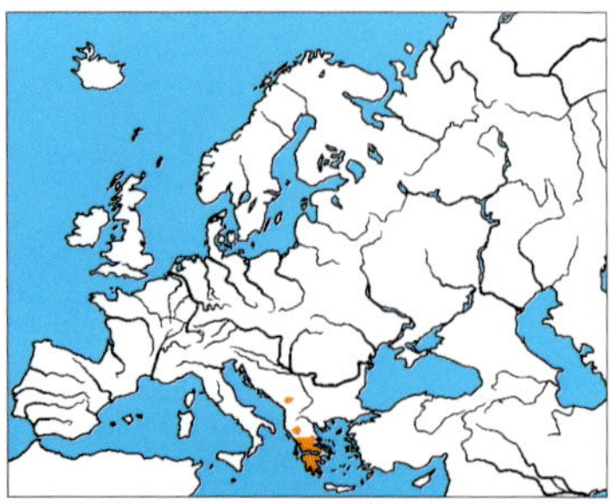

Griechische Elritze

Dalmatinische Elritze

Spanische Elritze

Anaecypris hispanica

Länge 4–6(8) cm; lang gestreckter Körper mit langem, niedrigem Schwanzstiel; langer Kopf mit kleinem, endständigem Maul; hohe Rückenflosse mit verkürztem 1. Flossenstrahl.

59–71 kleine Rundschuppen in einer Längsreihe; Seitenlinie unvollständig, erstreckt sich nur über die ersten 25–30 Schuppen; dunkles Längsband vom Kiemendeckel bis zum Schwanzstiel, insbesondere oberhalb dieses Längsbands zahlreiche dunkle Punkte und Flecken; Schlundzähne einreihig 4–4 oder 4–3; **Flossenformel** R 9–11, Br 15–16, B 8–9, A 9–11, S 19.

Lebensweise Rheophiler Bewohner meist kleiner, seichter, ruhiger und pflanzenreicher Fließgewässer; Friedfisch; Kieslaicher von Apr–Mai; ab 3 cm Länge geschlechtsreif; Höchstalter 3 Jahre.

Vorkommen In Bächen im Einzugsgebiet des Guadiana in SW-Spanien und Portugal sowie in einigen kleinen portugiesischen Fließgewässern.

Bestand heute Durch Wasserentnahmen und -verschmutzung stark rückläufig. Dammbauten führten zu verstreuten Vorkommen. §

Wissenswert! Die S. E. ist einer der kleinsten rheophilen Süßwasserfische Europas. Sie ernährt sich von wirbellosen Plankton- und Bodentieren sowie von pflanzlicher Kost. Kleine, auf das Wasser gefallene Insekten werden von der Oberfläche weggeschnappt. Die Eiablage erfolgt in größeren Schwärmen an flachen, kiesigen Stellen im strömenden Wasser.

Dubrovnik-Elritze

Phoxinellus pstrossi

Länge 8–9(10) cm; lang gestreckter, seitlich nur wenig abgeflachter Körper; stumpfes, endständiges Maul, dessen Mundspalte schräg nach oben gerichtet ist.

Schuppenkleid weitgehend zurückgebildet, die kleinen, sehr dünnen Schuppen einzeln am Körper stehend und sich kaum überdeckend, tief in der Schleimhaut eingebettet; Schlundzähne einreihig 5–4; Flanken mit unregelmäßig verstreuten braunen Punkten, vom Kiemendeckel bis zum Ansatz der Schwanzflosse eine breite, bleigraue Längsbinde; **Flossenformel** R 9–10, Br 16–17, B 8–9, A 11, S 19.

Lebensweise Bewohner kleiner Fließgewässer und Überschwemmungstümpel; Friedfisch, Kieslaicher.

Vorkommen In Karstgewässern von Kroatien, Bosnien-Herzegowina, Jugoslawien und Albanien, z. B. im Flussgebiet der Trebinschitza und in dem Fluss Krka. Vermutlich kommt die Art auch in inneren Gewässersystemen Kroatiens vor, die ein Netzwerk von unterirdischen Gewässern bilden und deren Oberflächengewässer im Sommer in den Untergrund verschwinden.

Bestand heute Gefährdet. §

Wissenswert! Die D. lebt in Schwärmen. Sie ernährt sich von Kleinkrebsen und Insektenlarven. Kleine, auf das Wasser gefallene Insekten werden von der Oberfläche weggeschnappt. Die D. laicht auf Kiesbänken im flachen Wasser.

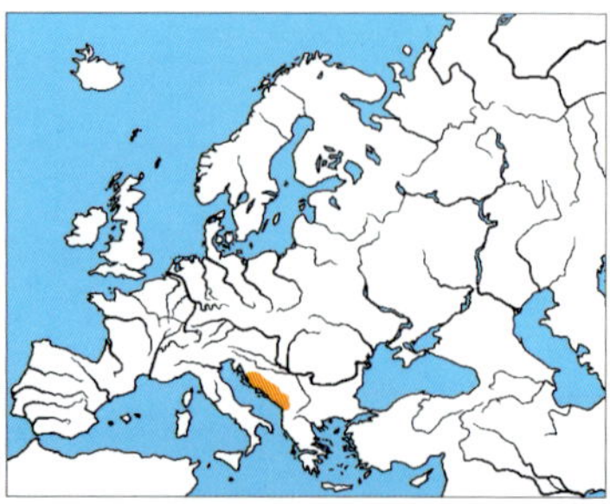

Dubrovnik-Elritze

Spanische Elritze

Moderlieschen

Leucaspius delineatus

Länge 5–9(12) cm; längs gestreckter, seitlich leicht abgeflachter Körper; die unvollständige Seitenlinie nur 2–12 Schuppen umfassend; sehr kleines, oberständiges Maul.

40–50 Rundschuppen in einer Längsreihe; Schlundzähne einreihig 5–4 oder zweireihig 1.5–4.1; **Flossenformel** R 9–12, Br 14, B 10, A 13–17, S 19.

Lebensweise Limnophiler Bewohner von Seen, Weihern und Gräben sowie ruhigen Fließgewässern; Friedfisch; Pflanzenlaicher von Apr–Aug; 500–3500 Eier pro ♀; mit 1 Jahr ab 4–5 cm Länge geschlechtsreif; Höchstalter 7 Jahre.

Vorkommen Stehende und langsam fließende Gewässer vom Einzugsgebiet des Rheins und der Donau bis zur Wolga und zum Südrand von N-EU, selten über 400 m Höhe hinausgehend.

Bestand heute Durch Zuschütten vieler Kleingewässer lokal zurückgegangen, in neu entstandenen Baggerseen oft als Raubfischnahrung eingesetzt; dehnt sein Vorkommen aus, neben Besatz auch durch Verschleppung. **RL**

Wissenswert! In Schwärmen zieht dieser kleine Oberflächenfisch bevorzugt in der Nähe von Pflanzenbeständen durchs vegetationsfreie Wasser. Er unternimmt kurze Laichwanderungen, auch stromaufwärts gegen stärker strömendes Wasser. Die Eier werden durch eine kurze Legeröhre perlschnurartig an Pflanzen angeklebt und vom ♂ betreut und bewacht.

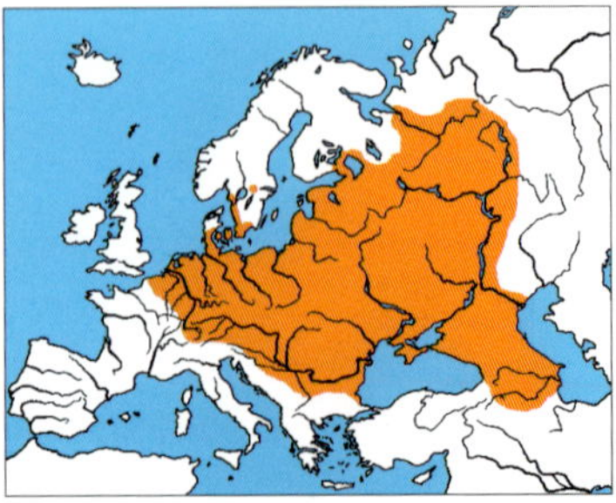

Hasel

Leuciscus leuciscus

Länge 15–20(31) cm; lang gestreckter Körper; kleines, leicht unterständiges Maul; ♂ mit feinkörnigem Laichausschlag; A konkav.

47–53 große Rundschuppen entlang der Seitenlinie; Schlundzähne zweireihig 2.5–5.2 oder 3.5–5.3; **Flossenformel** R 10–13, Br 15–19, B 9–11, A 11–14, S 19.

Lebensweise Rheophiler Bewohner schneller fließender Gewässer mit sandigem, kiesigem oder steinigem Untergrund, in klaren Seen meist nahe von Zuflüssen; Friedfisch; Gesteinlaicher von Mär–Mai bei 7–9 °C Wt; 2000–20 000 Eier pro ♀; ♂ mit 2–3, ♀ mit 3 Jahren ab 12–15 cm Länge geschlechtsreif; Höchstalter 16 Jahre.

Vorkommen Von EU nördlich der Alpen und Pyrenäen ostwärts bis Sibirien; bis in 700 m Höhe; in Irland 1889 eingeführt.

Bestand heute Lokale Erhöhungen durch Flussstaubauten, Rückgänge durch Laichgebietsvernichtung beim Fließgewässerausbau. **RL**

Wissenswert! Der gesellig lebende H. hält sich gern oberflächennah in tieferen Bachstrecken, in Beruhigungszonen hinter Flussbiegungen oder im Bereich von Flusseinmündungen auf. Zu den Laichplätzen, die in flachen, schnell überströmten, grobkiesigen und steinigen Strecken liegen, unternehmen sie kurze, stromaufwärts gerichtete Wanderungen. Durch die Strömung verteilt, haften die klebrigen Eier an Kies und Steinen fest.

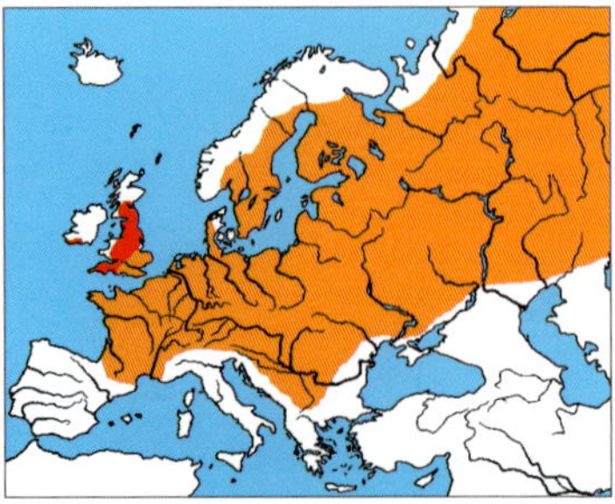

Hasel

Moderlieschen

Döbel, Aitel

Leuciscus cephalus

Länge 30–50(80) cm; kräftiger, fast drehrunder Körper mit breitem, dickem Kopf; endständiges, tief gespaltenes Maul; A konvex.

44–46 Rundschuppen entlang der Seitenlinie; Schlundzähne zweireihig 2.5–5.2; **Flossenformel** R 11–12, Br 17–18, B 10, A 0–12, S 19.

Lebensweise Rheophiler Bewohner mäßig bis schnell fließender Gewässer, auch in stehenden Gewässern; Friedfisch; Gesteinlaicher von Apr–Jun bei über 12 °C Wt; 25 000–200 000 blassgelbe Eier pro ♀; ♂ mit 3–4, ♀ mit 4–5 Jahren ab 20–30 cm Länge geschlechtsreif; Höchstalter 20 Jahre.

Vorkommen EU von Portugal und Großbritannien bis zum Kaspischen Meer und Vorderasien.

Bestand heute In seinem weiten Verbreitungsgebiet oft in großen Dichten vorkommend, in M.- und S-EU häufiger als im N; durch Besatz, z. B. in schottischen Flüssen, weiter verbreitet.

Wissenswert! Der D. ist typisch in abwechslungsreichen Flussläufen mit tiefen sandigen und flachen kiesigen oder steinigen Strecken. Er besiedelt Forellenbäche, kommt aber auch in organisch belasteten und ausgebauten Fließgewässern zurecht. Als schwarmbildender Jungfisch frisst er Pflanzen und wirbellose Tiere, mit zunehmendem Alter wird er immer mehr zum Einzelgänger und Allesfresser. Zum Laichen ziehen die Fische oft in kleinere Nebenbäche.

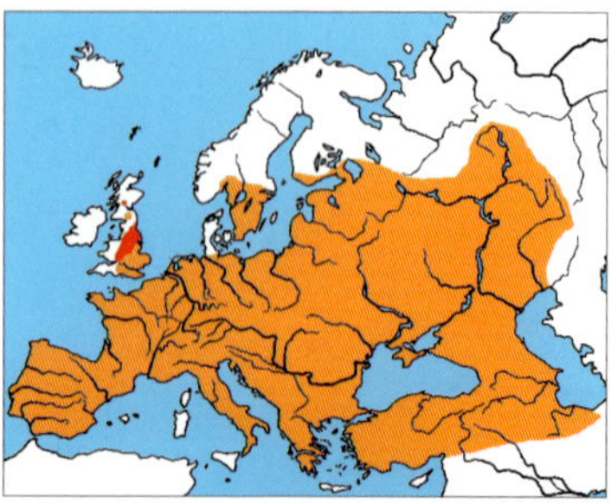

Bobyrezdöbel

Leuciscus borysthenicus

Länge 15–35(40) cm; lang gestreckter, seitlich etwas abgeflachter Körper mit breitem, kurzem Kopf; endständiges Maul mit für eine Döbel-Art kleiner Maulspalte; A konvex.

36–40 große, kräftige Rundschuppen entlang der Seitenlinie; Schlundzähne zweireihig 2.5–5.2; dunkle Längsbinde, welche meist nur auf dem Hinterkörper deutlich zu erkennen ist; **Flossenformel** R 11–12, Br 17–18, B 9–10, A 10–12, S 19.

Lebensweise Indifferenter Bewohner küstennaher Seen und langsam fließender Flussunterläufe; Friedfisch; Pflanzen-Gesteinlaicher von Mai–Jun; durchschnittlich etwa 2500 Eier pro kleinem ♀; mit 3–4 Jahren geschlechtsreif.

Vorkommen Fließende und stehende Tieflandgewässer im Einzugsgebiet des Schwarzen und Asowschen Meeres sowie des Maramameers, von der westlichen Türkei und O-Bulgarien, den Unterläufen von Dnjestr, Bug und Dnjepr, dem Kubandelta bis zum Paleostomsee und im westlichen Transkaukasien.

Bestand heute Keine aktuellen Informationen.

Wissenswert! Die klebrigen Eier werden an seichten, ruhigen Uferstellen an Wasserpflanzen und Steinen abgelegt. Die Jungfische leben in Schwärmen. Jüngere B. ernähren sich von wirbellosen Tieren, ältere fressen zusätzlich auch kleine Fische. Mit zunehmendem Alter wird der B. mehr und mehr zum Einzelgänger.

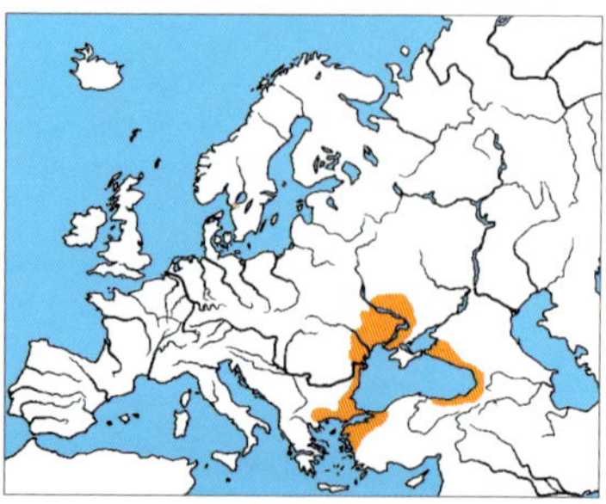

Bobyrezdöbel

Döbel, Aitel

Strömer

Leuciscus souffia

Länge 12–17(25) cm; lang gestreckter, fast drehrunder Körper; leicht unterständiges Maul; ♂ zur Laichzeit mit schwarzem, violett schillerndem Längsband.

44–60 Rundschuppen entlang der orangegelben Seitenlinie; Schlundzähne zweireihig 2.5–5.2; **Flossenformel** R 9–12, Br 15–16, B 9–11, A 11–13, S 19.

Lebensweise Rheophiler Bewohner meist der Mittelläufe großer Flüsse, selten in Alpenseen, aus denen er zum Laichen in Zuflüsse hineinschwimmt; Friedfisch; Kieslaicher von Mär–Mai bei ca. 12 °C Wt; 1500–6250 leicht grau getönte Eier pro ♀; mit 2 Jahren ab etwa 11 cm Länge geschlechtsreif; Höchstalter 13 Jahre.

Vorkommen M.-EU bis in 700 m Höhe, nördlich der Alpen im Rhein mit Bodensee, Neckar, Main, Donau, Theiß, südlich in den Einzugsgebieten der Rhône, Var, Isonzo, Etsch, Po, Arno und Tiber.

Bestand heute Südlich der Alpen weniger, nördlich sehr stark zurückgegangen, nur noch inselartige Restvorkommen; aus vielen Gewässern verschwunden. **RL§**

Wissenswert! Im Winter bevorzugt der S. tiefere Stellen von geringer Strömung mit uferbegleitendem Gehölzbewuchs als Deckungs- und Versteckmöglichkeit, im Sommer schneller fließende Strecken. Innerhalb weniger Tage laicht der S. auf gut durchströmten Kiesbänken, wobei die Eier ins Kieslückensystem driften.

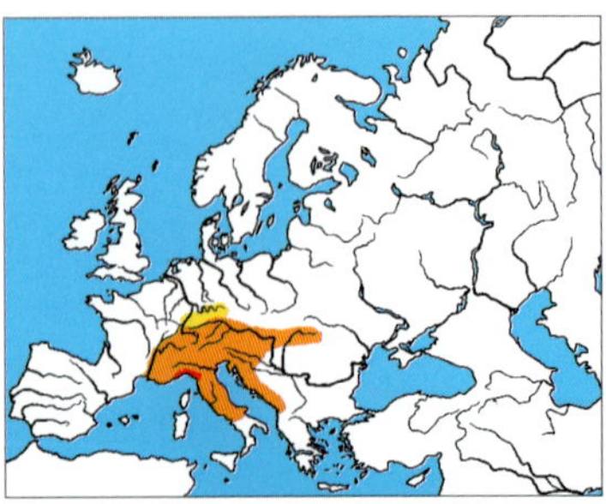

Aland, Orfe, Nerfling

Leuciscus idus

Länge 30–50(80) cm; gestreckter, relativ hochrückiger Körper, kleiner Kopf; mäßig großes, endständiges Maul; A konkav.

55–61 kleine Rundschuppen entlang der Seitenlinie; Schlundzähne zweireihig 3.5–5.3; **Flossenformel** R 11–12, Br 16–17, B 10, A 12–14, S 19.

Lebensweise Rheophiler Bewohner größerer Fließgewässer, mancher Seen und Haffe, zum Laichen auch in kleinere Fließgewässer aufsteigend; Friedfisch; Pflanzen-Gesteinlaicher von Apr–Mai; 39 000–114 000 blassgelb getönte Eier pro ♀; mit 3–5 Jahren ab 25–30 cm Länge geschlechtsreif; Höchstalter 20 Jahre.

Vorkommen M.- bis N-EU und Asien bis Sibirien, von Belgien und NO-Frankreich (Schelde) bis zum Schwarzen und Kaspischen Meer sowie in weiten Teilen Skandinaviens.

Bestand heute In seinem großflächigen Verbreitungsgebiet nicht mehr so oft in so großen Dichten, aber durch Besatz weiter verbreitet. **RL**

Wissenswert! Aus den Brackgewässern und Flussmündungsgebieten zieht der A. zur Laichzeit in Schwärmen stromaufwärts, aus Seen in Zu- und Abflüsse. Er laicht in fließendem Wasser. Gleich nach dem Ablaichen wandern die erwachsenen Fische wieder stromabwärts, die Jungen folgen ihnen noch im 1. Lebensjahr. Die **Goldorfe**, eine gelbrote Farbvarietät des A., wird in Aquarien und Teichen gehalten.

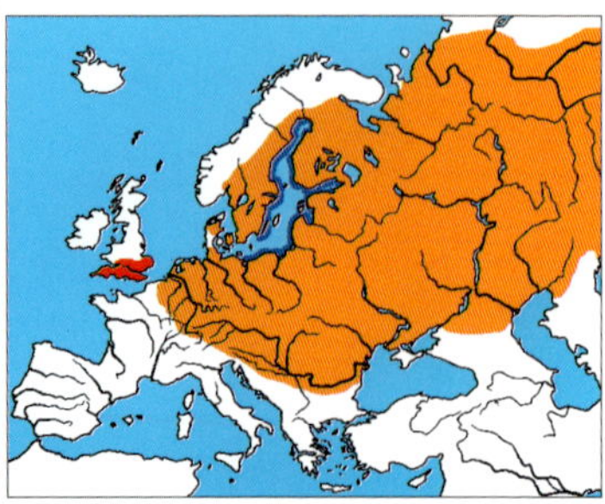

Aland, Orfe, Nerfling

Strömer

Blaubandbärbling

Pseudorasbora parva

Länge 4–9(12) cm; spindelförmiger Körper; sehr kleines, oberständiges Maul; fast in der Körpermitte verlaufendes, nahezu gerades, dunkles Längsband.

32–39 Rundschuppen entlang der Seitenlinie; Schlundzähne einreihig 5–5 oder selten 6–6; **Flossenformel** R 9–11, Br 12–14, B 7–8, A 8–9, S 19.

Lebensweise Limnophiler Bewohner ruhig fließender und stehender Gewässer; Friedfisch; Nestlaicher von Apr–Jul; 600–5300 Eier pro ♀; mit 1 Jahr ab 4–7 cm Länge geschlechtsreif; Höchstalter 5 Jahre.

Vorkommen Einheimisch in O-Asien; 1961 ungewollt mit dem Graskarpfen in einer Teichwirtschaft im Donaugebiet eingeführt.

Bestand heute In M.-EU weit, aber verstreut verbreitet.

Wissenswert! Der gesellig lebende B. ist sehr anpassungsfähig und vermehrt sich außergewöhnlich stark. Er bevorzugt die verkrautete Uferzone. Das ♂ sucht sich im flachen, gut durchgewärmten Wasser einen Stein oder eine Muschelschale und säubert diesen Laichplatz, woraufhin das ♀ eine Portion seiner ovalen Eier in einer Reihe anklebt. Das ♂ betreut das Nest. Nach 4–8 Tagen schlüpfen die Larven. Ein ♀ kann bis zu 60-mal pro Jahr ca. 20–80 Eier ablaichen. Zum Besatz, als Futter-, Aquarien- und Köderfisch im Handel angeboten, zeigt der B. eine zunehmende Ausbreitungstendenz.

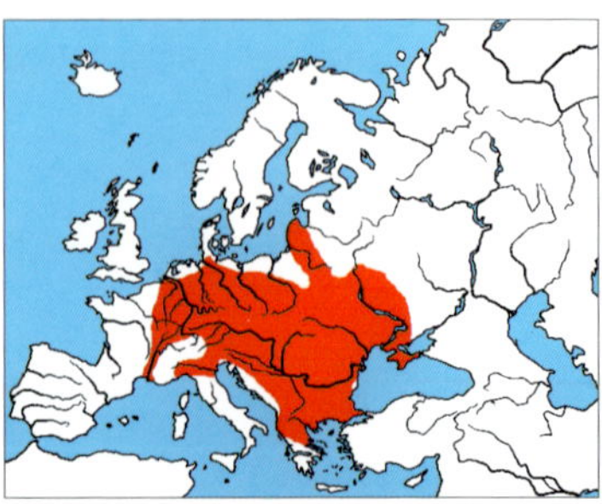

Sumpfelritze

Eupallasella perenurus

Länge 10–15(19) cm; gedrungener, fast walzenförmiger Körper mit gering abgeflachten Seiten; kleines, endständiges Maul.

65–89 kleine Rundschuppen entlang der Seitenlinie, die hinter der Körpermitte vielfach unterbrochen ist; Schlundzähne zweireihig 2.5–5.2 oder 2.4–5.2; **Flossenformel** R 10, Br 16, B 9–10, A 9–10, S 19.

Lebensweise Limnophiler Bewohner kleiner Seen, Weiher, Tümpel und Wasserlöcher mit reichlichem Unterwasserpflanzenbestand; Friedfisch; Pflanzenlaicher von Jun–Jul; 1600–18 700 Eier pro ♀; mit 2–3 Jahren geschlechtsreif.

Vorkommen Stehende oder nur langsam fließende Gewässer vom Einzugsgebiet der Oder ostwärts bis nach China; in EU z. B. im Weichselgebiet in Tümpeln in der Umgebung Warschaus, in kleinen sumpfigen Seen in der Umgebung Danzigs, im Odergebiet in Posen und in Seen im Gebiet der mittleren Wolga.

Bestand heute Verluste an Lebensraum durch Trockenlegung der Wohngewässer.

Wissenswert! Dieser kleine, gesellig lebende und sehr widerstandsfähige Schwarmfisch toleriert niedrige Sauerstoff- und pH-Werte. Die klebrigen Eier werden zwischen Wasserpflanzen abgelegt, an denen sie anhaften. Nach 5–8 Tagen schlüpfen die Larven. Die S. ernährt sich von Würmern, Kleinkrebsen, Insektenlarven, Muscheln, Schnecken und Anflug.

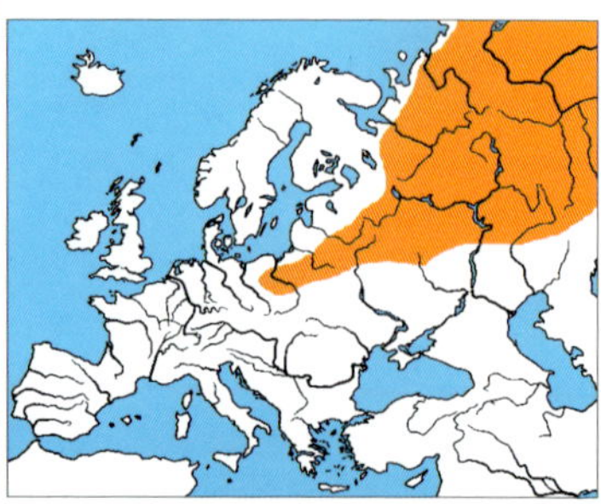

Sumpfelritze

Blaubandbärbling

Elritze

Phoxinus phoxinus

Länge 6–9(14) cm; lang gestreckter, fast drehrunder, am Schwanzstiel seitlich abgeflachter Körper; Seitenlinie unvollständig; endständiges Maul; ♂ und ♀ mit Laichausschlag.

85–100 kleine Rundschuppen in einer Längsreihe; Schlundzähne zweireihig 2.5–5.2 oder 2.4–5.2; **Flossenformel** R 10, Br 4–16, B 7–11, A 10–11, S 19.

Lebensweise Rheophiler Bewohner schnell fließender Bäche und kleiner Flüsse, auch in nährstoffarmen Seen; Friedfisch; Kieslaicher von Apr–Jul; 200–1000 Eier pro ♀; mit 2 Jahren ab 5–6 cm Länge geschlechtsreif; Höchstalter 8 Jahre.

Vorkommen Eurasien, von 10–2300 m Höhe.

Bestand heute In natürlichen Wasserläufen und nährstoffarmen Seen oft in hoher Dichte, durch Besatz weiter verbreitet; in verschmutzten und ausgebauten Gewässern verschwunden. **RL**

Wissenswert! Steigt die Wt auf 10–15 °C, sucht dieser lebhafte Schwarmfisch flache, kaum handtiefe, kiesige Bereiche auf. Diese liegen oft im Oberlauf der Bäche oder an Seeufern im Bereich des Wellenschlags. Die Eier kleben an Kies und Steinen an. Die nach 3–6 Tagen schlüpfenden Larven fallen sofort in die Kieslücken, dringen wenn möglich noch tiefer ein, und liegen dort, bis ihr Dottersack aufgezehrt ist. Die E. ernährt sich u. a. von Insektenlarven und Algen.

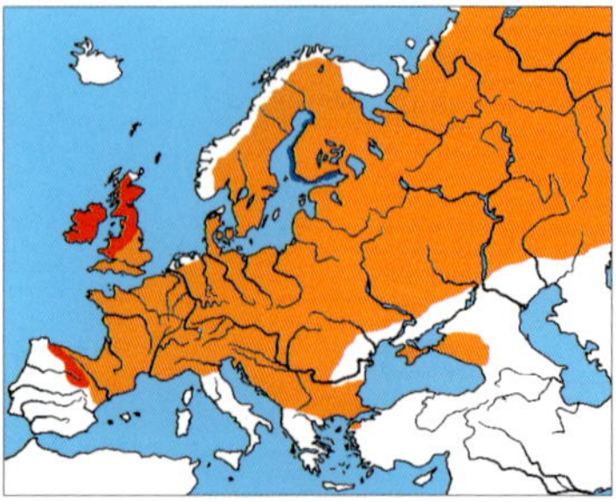

Poznanelritze

Phoxinus czekanowskii

Länge 5–8(12) cm; sehr lang gestreckter, spindelförmiger Körper; langer Schwanzstiel; unvollständige, nur am Vorderkörper entwickelte Seitenlinie; kleines, endständiges Maul.

90–94 sehr kleine Rundschuppen in einer Längsreihe; Schlundzähne zweireihig 2.5–5.2; die abgerundeten Br sind im Gegensatz zu denen nah verwandter asiatischer Arten auffallend kurz. **Flossenformel** R 10, Br 15, B 9–11, A 10, S 19.

Lebensweise Indifferenter Bewohner von Flüssen und Seen; Friedfisch; Pflanzenlaicher von Jun–Jul.

Vorkommen In Flüssen und Seen im Einzugsgebiet des Arktischen und Pazifischen Ozeans, von N-Russland ostwärts über Sibirien bis N-China. In M.-EU kommt die P. ausschließlich in der Umgebung von Poznan (Posen), dem Einzugsgebiet der Warthe, vor.

Bestand heute Keine aktuellen Informationen.

Wissenswert! Bei der P. handelt es sich um einen kleinen Schwarmfisch, der im Gegensatz zur nah verwandten Sumpfelritze (⇨ S. 80) gern auch in klaren, sauerstoffreichen Fließgewässern lebt. Die Eiablage erfolgt sowohl in fließenden als auch in stehenden Gewässern an seichten Uferstellen zwischen dem Wasserpflanzenbewuchs. Die P. ernährt sich von wirbellosen Tieren, insbesondere Insektenlarven und Kleinkrebsen. Die ♀ werden etwas größer als die ♂.

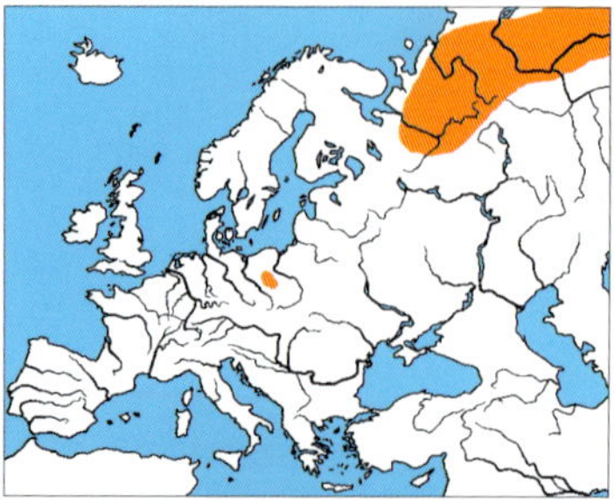

Poznanelritze

Elritze

Rotfeder

Scardinius erythrophthalmus

Länge 20–30(45) cm; hochrückiger, seitlich abgeflachter Körper; kleines, leicht oberständiges Maul mit steil nach oben gerichteter Mundspalte; ♂ mit feinkörnigem Laichausschlag.

37–45 große Rundschuppen entlang der Seitenlinie; Schlundzähne zweireihig 3.5–5.3; **Flossenformel** R 10–12, Br 16–17, B 10, A 12–15, S 19.

Lebensweise Limnophiler Bewohner pflanzenreicher stehender und langsam fließender Gewässer mit weichem Grund sowie von Brackwassergebieten der Ostsee; Friedfisch; Pflanzenlaicher von Apr–Jun bei über 15 °C Wt; 90 000–230 000 Eier pro ♀; ♂ mit 3, ♀ mit 4 Jahren ab 14–15 cm Länge geschlechtsreif; Höchstalter 17 Jahre.

Vorkommen Von Irland über ganz M.-EU bis zum Ural und Aralsee, kaum über 700 m Höhe.

Bestand heute Durch Besatz und Köderfische weiter verbreitet; sie behauptet sich in vom Menschen veränderten Gewässern, sofern diese nicht durch Ausbau oder Verschmutzung pflanzenfrei geworden sind.

Wissenswert! Die R. laicht in Scharen über Wasserpflanzen, an denen ihre klebrigen Eier anhaften. Die nach 3–10 Tagen schlüpfenden Larven durchleben an Pflanzen angeheftet eine Ruhephase, bevor sie frei schwimmen. Die R. ernährt sich vorwiegend von pflanzlicher Kost, daneben aber auch von Insektenlarven und Weichtieren. Sowohl als Verwerter von Pflanzennahrung wie auch als Nahrung für Raubfische ist sie im Gewässerhaushalt bedeutsam.

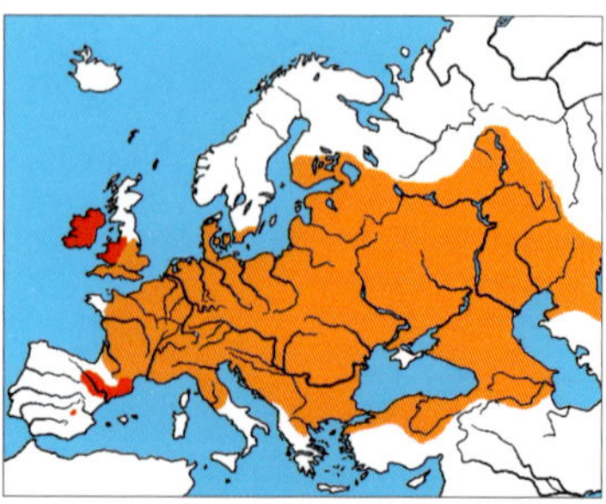

Griechische Rotfeder

Scardinius graecus

Länge 25–35(40) cm; sehr lang gestreckter, stark abgeflachter Körper, max. Körperhöhe weit vor der Rückenflosse; kleines, endständiges Maul mit nach oben gerichteter Mundspalte.

39–42 große Rundschuppen entlang der Seitenlinie; Schlundzähne zweireihig 3.5–5.3; ♂ zur Laichzeit mit feinkörnigem Laichausschlag an Kopf und Rücken; **Flossenformel** R 11–12, Br 16–17, B 10, A 13–14, S 19.

Lebensweise Limnophiler Bewohner ruhiger Gewässer mit weichem Grund und reichem Wasserpflanzenbewuchs; Friedfisch; Pflanzenlaicher von Apr–Jun.

Vorkommen Nur in den griechischen Seen Yliki und Paralimni im Einzugsgebiet des Flusses Kifissos nördlich von Athen.

Bestand heute Im Yliki-See stabil, im Paralimni-See Verlust an Lebensraum durch Trockenlegung. §

Wissenswert! In großen Scharen laicht die G. R. an seichten Uferstellen zwischen Wasserpflanzen, an denen die klebrigen Eier sofort anhaften. Die frisch geschlüpften Larven kleben sich mithilfe ihrer Klebedrüsen am Kopf im Pflanzenwerk an, um dort eine Ruheperiode einzulegen. Erst nach dem Aufzehren des Dottersacks schwimmen sie frei umher. Die G. R. ernährt sich hauptsächlich von weichen Pflanzen, daneben auch von wirbellosen Tieren wie Schnecken, Muscheln, Kleinkrebsen und Insektenlarven.

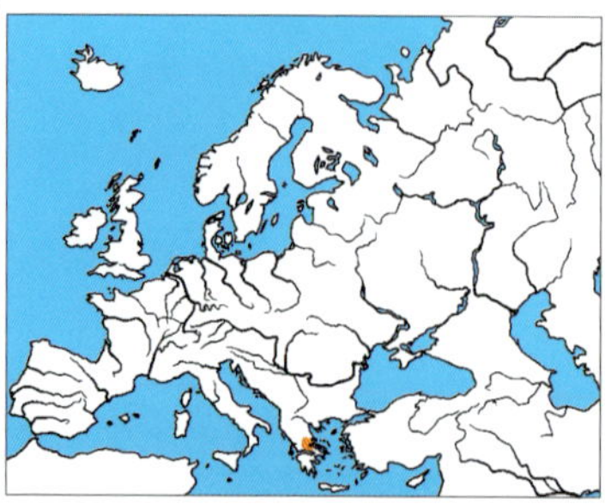

Griechische Rotfeder

Rotfeder

Rapfen, Schied

Aspius aspius

Länge 50–75(120) cm; lang gestreckter Körper; großes, endständiges Maul, durch den etwas verlängerten Unterkiefer leicht oberständig wirkend; A konkav.

64–76 kleine Rundschuppen entlang der Seitenlinie; Schlundzähne zweireihig 3.5–5.3; **Flossenformel** R 10–11, Br 16, B 10, A 15–18, S 19.

Lebensweise Rheophiler Bewohner von Mittel- und Unterläufen größerer Flüsse sowie von Seen und Brackgewässern, die mit solchen in Verbindung stehen; Raubfisch; Gesteinlaicher von Apr–Jun bei etwa 10 °C Wt; 30 000–500 000 Eier pro ♀; mit 3–4 Jahren ab 35–40 cm Länge geschlechtsreif; Höchstalter 12 Jahre.

Vorkommen Vom Ural-Gebirge westwärts bis zur Elbe und Eider.

Bestand heute Dammbauten und Wasserverschmutzung reduzieren den Lebensraum der Art; durch Besatz weiter verbreitet. **RL§**

Wissenswert! Aus den Winterlagern ziehen die R. flussaufwärts zu ihren Laichplätzen im rasch fließenden Wasser. Die klebrigen Eier haften an Kies und Steinen fest. Die geschlüpften Larven verstecken sich zunächst im Substrat, dann werden sie pelagisch und driften mit der Strömung ab. Für ihren ersten, geselligen Lebensabschnitt suchen sie sich strömungsberuhigte Bereiche. Mit zunehmender Größe wird der R. zum einzelgängerischen Flussfisch, der an der Oberfläche jagt.

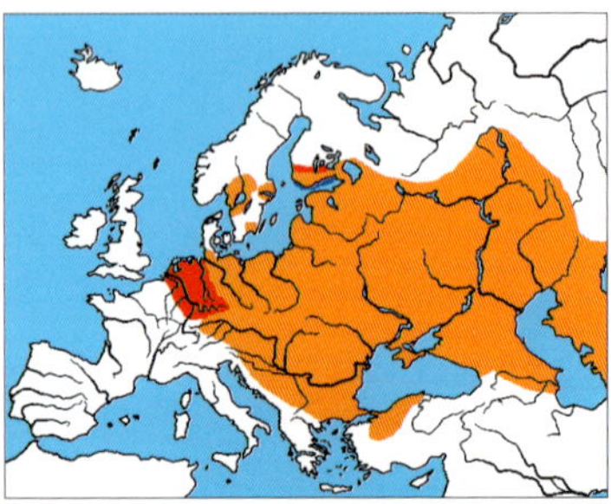

Schleie

Tinca tinca

Länge 20–40(70) cm; gedrungener, kräftig gebauter Körper mit hohem Schwanzstiel; kleines, endständiges Maul mit 2 kurzen Barteln; ♂ mit verdicktem 2. Strahl der B.

96–115 winzige Rundschuppen entlang der Seitenlinie; Schlundzähne einreihig 4–4 oder 4–5, 5–5; **Flossenformel** R 11–13, Br 14–18, B 9–11, A 9–12, S 19.

Lebensweise Limnophiler Bewohner warmer, weichgründiger, pflanzenreicher Seen und Weiher, leicht brackiger sowie gering strömender und mitunter sogar rasch fließender Gewässer und deren Altarme; Friedfisch; Pflanzenlaicher von Jun–Aug bei ca. 20 °C Wt; 30 000–900 000 Eier pro ♀; ♂ mit 2–3, ♀ mit 3–4 Jahren ab 12–30 cm Länge geschlechtsreif; Höchstalter 17 Jahre.

Vorkommen EU bis Sibirien bis in 1600 m Höhe.

Bestand heute Weit verbreitet und durch Besatz ausgedehnt, so in Irland, Teilen Englands, Norwegens und Schwedens sowie im Mittelmeergebiet eingeführt; Aquakulturfisch in Teichen.

Wissenswert! Die Fortpflanzung der S. findet in ruhigen, windgeschützten Buchten mit dichter Unterwasservegetation statt. Nach 3–5 Tagen schlüpfen aus den an Pflanzen angeklebten Eiern die Larven. Diese heften sich mit Klebedrüsen am Kopf an Wasserpflanzen fest, bis sie schwimmfähig sind. So verhindern sie, im Schlamm der Laichplätze zu versinken.

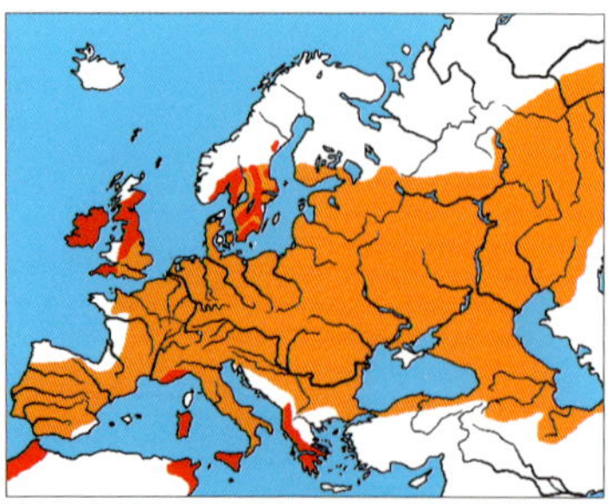

Schleie

Rapfen, Schied

Nase

Chondrostoma nasus

Länge 25–40(50) cm; lang gestreckter, ziemlich spindelförmiger, seitlich nur wenig abgeflachter Körper; stark unterständiges Maul mit nasenartig darüber hinausragender Schnauze.

52–66 mittelgroße Rundschuppen entlang der Seitenlinie; Schlundzähne einreihig 6–6 oder 7–6; **Flossenformel** R 12, Br 16–18, B 11, A 13–14, S 19.

Lebensweise Rheophiler Bodenbewohner in schnell fließenden Gewässern mit steinigem Untergrund, selten in Seen an den Einmündungen von Fließgewässern; Friedfisch; Gesteinlaicher von Mär–Mai bei 8–12 °C Wt; 5000–100 000 grünliche Eier pro ♀; mit 3–4 Jahren ab 17–27 cm Länge geschlechtsreif; Höchstalter 20 Jahre.

Vorkommen M.-EU von der Loire bis zum Ural.

Bestand heute Verbreitungslücken durch Fließgewässerkanalisierung sowie Dammbauten; Besatz z. B. im Oberlauf der Elbe. **RL**

Wissenswert! Mit ihren bernsteingelben, verhornten Kieferrändern schabt die N. Algen von Steinen ab, sie ernährt sich somit von pflanzlicher Kost mit der Beimischung darin lebender Kleinsttiere. Die Laichfische suchen, in Schwärmen flussaufwärts schwimmend, besonders in kleinen Nebenflüssen geeignete Laichplätze. Unter lebhaftem Getümmel und gegenseitigem Aneinanderreiben werden die klebrigen Eier an den Steinen flach überströmter Kiesbänke abgelegt.

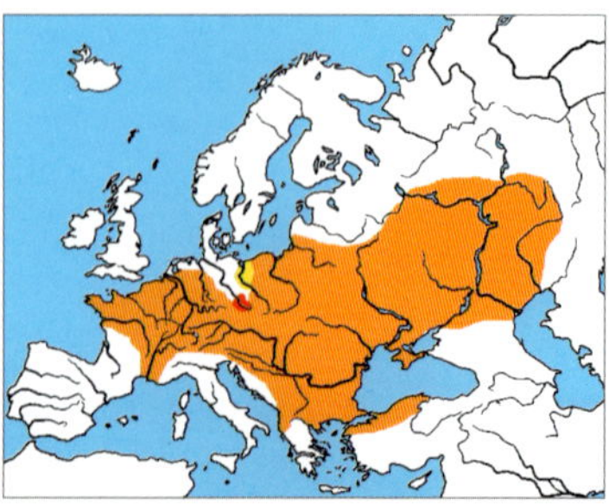

Italienischer Näsling, Savetta

Chondrostoma soetta

Länge 25–35 (45) cm; gestreckter, seitlich nur wenig abgeflachter, hoher Körper; unterständiges Maul mit scharfkantiger, horniger Unterlippe.

54–62 mittelgroße Rundschuppen entlang der Seitenlinie; Schlundzähne einreihig 7–7 oder 7–6; **Flossenformel** R 12, Br 16–18, B 11, A 14–15, S 19.

Lebensweise Rheophiler Bodenbewohner hauptsächlich der Mittelläufe schneller fließender Gewässer mit steinigem Untergrund, auch in großen Seen; Friedfisch; Kieslaicher von Apr–Mai; bis zu 100 000 Eier pro ♀; mit 2–3 Jahren geschlechtsreif; Lebensdauer über 5 Jahre.

Vorkommen In großen südlichen Alpenflüssen (Po, Etsch, Brenta, Sile, Piave, Livenza, Tagliamento, Isonzo) und Seen (Lago Maggiore, Lago di Lugano, Gardasee), in der Schweiz, N-Italien und Slowenien.

Bestand heute Rückläufig, wo Dammbauten geeignete Laichflüsse versperren; in Slowenien verschollen; durch Besatz weiter nach Süden verbreitet. **§**

Wissenswert! Der I. N. ernährt sich von pflanzlicher Kost samt den darin lebenden Kleinsttieren, indem er den Algenaufwuchs von Steinen abschabt. Die Laichfische versammeln sich oft zu großen Schwärmen und suchen, flussaufwärts wandernd, geeignete Laichplätze auf. Die klebrigen Eier werden zwischen Geröll und Steinen auf flach überströmten Kiesbänken abgelegt.

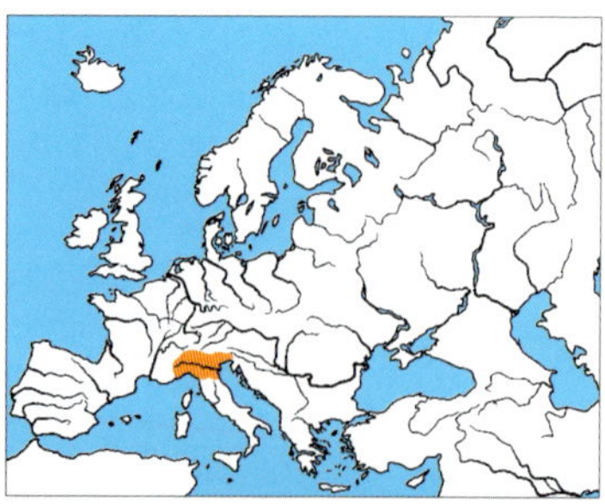

Italienischer Näsling, Savetta

Nase

Kaukasischer Näsling

Chondrostoma colchicum

Länge 20–25(28) cm; lang gestreckter, seitlich nur wenig abgeflachter Körper; unterständiges Maul, quer verlaufende Mundspalte mit scharfkantiger, horniger Unterlippe; nasenartig vorragende Schnauze.

60–69 mittelgroße Rundschuppen entlang der Seitenlinie, die Seitenlinie ähnlich wie beim Schneider (⇨ S. 114) oben und unten schwärzlich eingefasst; Schlundzähne einreihig 6–5; ♂ mit Laichausschlag; **Flossenformel** R 11–12, Br 16–17, B 11, A 12–13, S 19.

Lebensweise Rheophiler Bodenbewohner schnell fließender, sauerstoffreicher Gewässer, selten in Seen an Einmündungen von Fließgewässern; Friedfisch; Kies-Gesteinlaicher von Mär–Mai; 1000–2000 Eier pro ♀; mit 3–4 Jahren geschlechtsreif.

Vorkommen Zuflüsse zum östlichen Schwarzen Meer, in den Mittelläufen rasch strömender Flüsse vom Tuapse bis zum Coruh im westlichen Transkaukasien.

Bestand heute Keine aktuellen Informationen.

Wissenswert! Der K. N. lebt gesellig. Mit seiner hornigen Unterlippe schabt er den Algenaufwuchs des Kiesbodens und andere kleine Pflanzen ab. Demgegenüber haben wirbellose Bodentiere wie Muscheln, Schnecken und Insektenlarven in seiner Ernährung nur eine untergeordnete Bedeutung.

Der sehr ähnliche **Kubannäsling** *C. kubanicum* lebt im Kuban, einem Zufluss des Asowschen Meeres.

Iberischer Näsling

Chondrostoma polylepis

Länge 20–30(42) cm; lang gestreckter, seitlich nur wenig abgeflachter Körper; unterständiges Maul, quer verlaufende Mundspalte mit scharfkantiger, horniger Unterlippe; nasenartig vorragende Schnauze.

61–78 kleine Rundschuppen entlang der Seitenlinie; Schlundzähne einreihig 5–5 oder seltener 6–5; ♂ mit Laichausschlag; **Flossenformel** R 11, B 11, A 12, S 19.

Lebensweise Rheophiler Bodenbewohner rasch fließender Gewässer mit steinigem Untergrund; Friedfisch; Kieslaicher von Apr–Jun; bis zu 100 000 Eier pro ♀; mit 3 Jahren geschlechtsreif.

Vorkommen In den Flussgebieten des Vouga, Mondego, Alcoa, Tajo und Sado; die Unterart *C. p. duriense* kommt vom Eo bis zum Douro vor.

Bestand heute Besatzbedingt jetzt auch im Einzugsgebiet des Mittelmeers im Júcar und Segura. §

Wissenswert! Der gesellig lebende I. N. hält sich in schnell fließendem Wasser auf. Er ernährt sich hauptsächlich von Pflanzen. Auf stark überströmten Kiesbänken laichend, haften die klebrigen Eier an den Kieselsteinen.

Der nur bis zu 25 cm Länge erreichende **Guadiananäsling** *C. willkommii* (Schlundzähne einreihig 6–6 oder 7–6) kommt im Bereich der Flüsse Guadiana, Odiel, Guadalquivir, Genil, Guadalete, Guadiaro und Guadaldalhorce vor. Er ist in Portugal als selten eingestuft.

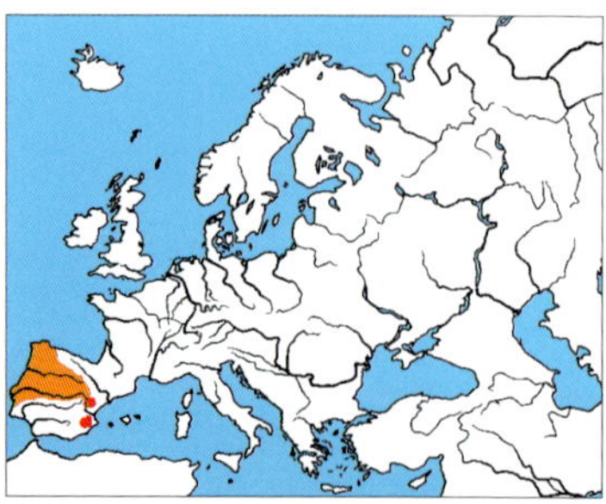

Iberischer Näsling

Kaukasischer Näsling

Tereknäsling

Chondrostoma oxyrhynchum

Länge 15–20(24) cm; lang gestreckter, seitlich nur wenig abgeflachter Körper; unterständiges Maul mit leicht gerundeter Mundspalte und scharfkantiger, horniger Unterlippe; nasenartig vorragende Schnauze.

56–67 mittelgroße Rundschuppen entlang der Seitenlinie; Schlundzähne einreihig 6–5 oder 5–5; ♂ mit Laichausschlag; **Flossenformel** R 10–11, Br 15–17, B 11, A 11–12, S 19.

Lebensweise Rheophiler Bodenbewohner der Mittelläufe rasch fließender Gewässer mit kiesigem und steinigem Untergrund; Friedfisch; Kieslaicher von Mär–Apr; mit 2–3 Jahren geschlechtsreif.

Vorkommen In Flüssen im Einzugsbereich des westlichen Kaspischen Meeres, z. B. Kuma, Terek, Sunsha, Sulak, Rubas-Tchai, Samur, Kura.

Bestand heute Keine aktuellen Informationen.

Wissenswert! Der T. lebt gesellig. Er hält sich vorzugsweise in seichtem Wasser über Kies- und Geröllgrund auf. Von den Steinen schabt er mit seinem verhornten Unterkieferrand den Algenaufwuchs mit der Beimischung der darin lebenden Kleinsttiere ab. Während er als Jungfisch gezielt auch nach kleinen Bodentieren sucht, ernährt er sich mit zunehmendem Alter immer stärker von Pflanzen, die er zuletzt fast ausschließlich frisst. Die klebrigen Eier werden auf flach und schnell überströmten Kiesbänken abgelaicht.

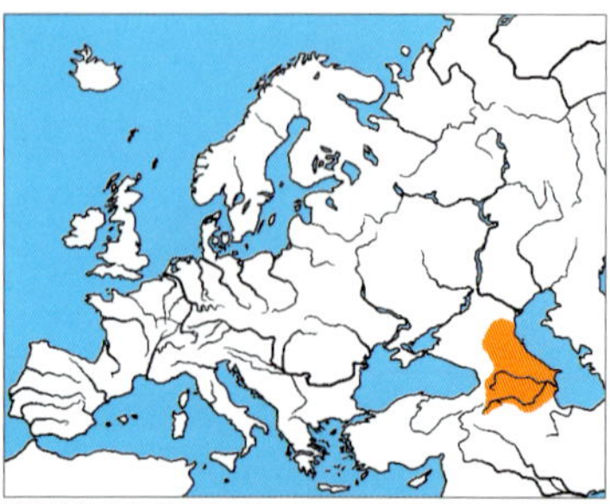

Südwesteuropäischer Näsling, Seuffe, Madrilla

Chondrostoma toxostoma

Länge 15–20(25) cm; lang gestreckter, seitlich wenig abgeflachter Körper; leicht unterständiges Maul mit kurzer, stumpfer Schnauze.

53–62 mittelgroße Rundschuppen entlang der Seitenlinie; Schlundzähne einreihig 6–6; **Flossenformel** R 11, Br 16–18, B 11, A 11–12, S 19.

Lebensweise Rheophiler Bodenbewohner rasch fließender, kiesgründiger Gewässer; Friedfisch; Kieslaicher von Mär–Mai; 600–15 000 Eier pro ♀; mit 3 Jahren geschlechtsreif; Höchstalter 10 Jahre.

Vorkommen In S-Frankreich als **Seuffe** in den Atlantikzuflüssen Loire, Gironde, Adour, sowie in den Mittelmeerzuflüssen Hérault, Rhône, Doubs, Var, Aude, in N-Spanien als **Madrilla** in den Fließgewässern Kantabriens vom Asón über die Pyrenäen bis zu den Mittelmeerzuflüssen Ebro und Cenia, vielleicht besatzbedingt im obersten Einzugsgebiet des Tajo.

Bestand heute Rückgang durch Dammbauten, Fließgewässerausbau und Wasserverschmutzung. §

Wissenswert! Der S. N. lebt gesellig. Er ernährt sich von pflanzlicher und tierischer Kost, vorzugsweise werden Algen von den Steinen abgeschabt. Wenn im Frühjahr die Wt 13 °C erreicht, ziehen die Laichschwärme oft bis in die kleinsten Zuflüsse ihres Wohngewässers. In schnell fließendem Wasser geben die laichreifen Tiere an flachen Stellen zwischen Steinen auf Kiesgrund Eier und Milch ab.

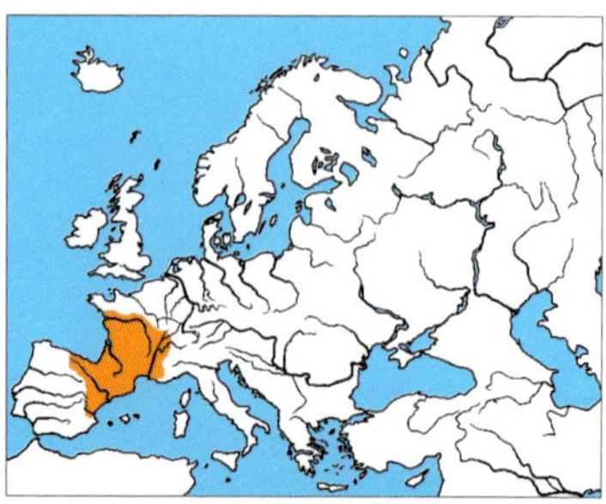

Südwesteuropäischer Näsling, Seuffe, Madrilla

Tereknäsling

Dalmatinischer Näsling

Chondrostoma knerii

Länge 15–18(20) cm; lang gestreckter, seitlich nur wenig abgeflachter Körper; unterständiges Maul, halbkreisförmig gebogene Mundspalte mit schmaler, horniger Unterlippe; ♂ mit Laichausschlag.

50–59 mittelgroße Rundschuppen entlang der Seitenlinie; dunkle Längsbinde oberhalb der Seitenlinie; lange Br, die fast der Kopflänge entsprechen; Schlundzähne einreihig 6–6; **Flossenformel** R 11, Br 15–16, B 11, A 12, S 19.

Lebensweise Rheophiler Bodenbewohner rasch strömender, sauerstoffreicher, sauberer Flüsse, wird aber auch in klaren Seen angetroffen; Friedfisch; Kieslaicher von Mär–Mai.

Vorkommen Kroatien und Bosnien-Herzegowina im Neretva-Narenta-Flussgebiet und in einigen benachbarten Seen sowie südlich von Zadar, im Skadar-See in Montenegro und vermutlich auch in einem kleinen Fluss in der Nähe von Zrmanja.

Bestand heute Rückläufig.

Wissenswert! Der gesellig lebende D. N. hält sich gern an stark überströmten Geröllbänken auf. Er ernährt sich von Algen, die er mithilfe seiner hornigen Unterlippe von den Steinen abschabt, und den darin enthaltenen Kleinsttieren. Der D. N. laicht in fließendem Wasser auf flachen Kieshalden. Seine klebrigen Eier haften am Untergrund fest. Nach 7–14 Tagen schlüpfen die Larven und werden mit der Strömung verdriftet.

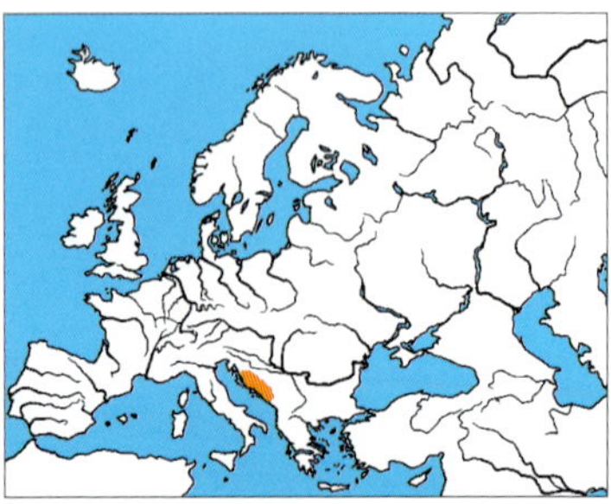

Lau

Chondrostoma genei

Länge 15–20(30) cm; lang gestreckter, seitlich nur wenig abgeflachter Körper; kurze, stumpfe Schnauze, unterständiges Maul mit halbkreisförmig gebogener Mundspalte und schmaler, horniger Unterlippe.

50–62 mittelgroße Rundschuppen entlang der Seitenlinie; Schlundzähne einreihig 5–5, selten 6–5 oder 5–4; dunkle Längsbinde über der Seitenlinie; **Flossenformel** R 11, Br 15–16, B 11, A 11–12, S 19.

Lebensweise Rheophiler Bodenbewohner sauerstoffreicher Fließgewässer mit Kies- und Sandgrund; Friedfisch; Kieslaicher von Mär–Mai.

Vorkommen Im Mittellauf und am Fuß der Gebirgsregion größerer Fließgewässer in N-Italien, z. B. Po, Ticino, Etsch, Cesano, Metauro, Foglia, Brenta, Piave, Livenza und Isonzo.

Bestand heute Weitgehend stabil; lokal zurückgegangen, durch Besatz weiter nach Mittelitalien (Tiber, Arno, Vomano und Tronto) verbreitet. §

Wissenswert! Der gesellig in kleinen Gruppen lebende L. ernährt sich sowohl von Algen, die er mit seiner hornigen Unterlippe von Steinen abschabt, als auch von kleinen Bodentieren. Er laicht auf Kiesbänken in rasch fließendem Wasser. Im Einzugsgebiet der Donau kommt der L. nicht vor. Allerdings ergibt die Kreuzung der dort vorkommenden Nase mit dem Strömer einen Wildbastard, der dem L. sehr ähnelt.

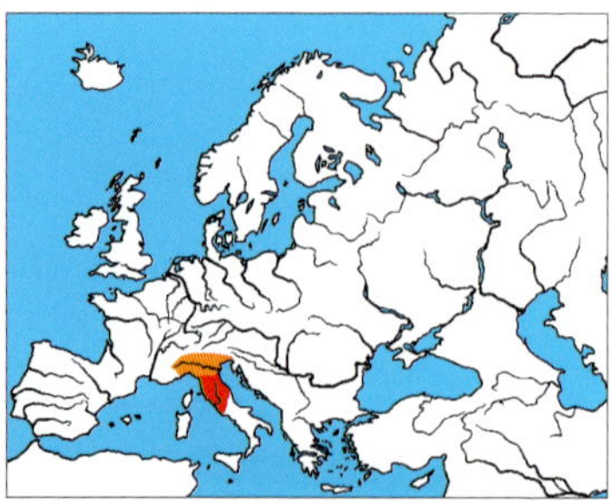

Lau

Dalmatinischer Näsling

Elritzennäsling

Chondrostoma phoxinus

Länge 10–12(15) cm; lang gestreckter, seitlich nur wenig abgeflachter Körper; stumpfe, kaum vorragende Schnauze mit unterständigem Maul, gebogene Mundspalte mit dünnen, scharfkantigen Lippen.

78–106 kleine Rundschuppen entlang der Seitenlinie; Schlundzähne einreihig 6–6 oder 6–5, ♂ mit Laichausschlag; **Flossenformel** R 11, A 10–11, S 19.

Lebensweise Rheophiler Bodenbewohner in schnell fließenden Bächen und Flüssen; Kieslaicher.

Vorkommen Karstregion von Bosnien-Herzegowina und Kroatien in den 3 inneren Gewässersystemen bei Livno, Duvon und Glamoc sowie im Einzugsgebiet des Sinj einschließlich der Cetina.

Bestand heute Durch Wasserentnahmen, Wasserverschmutzung und Lebensraumzerstörung stark gelichtet.

Wissenswert! Der in Schwärmen lebende E. hält sich an stark überströmten Kieshalden auf. Sie sind Laich- und Fraßgebiet. Mit seinen scharfkantigen Lippen schabt er den Algenaufwuchs ab, ernährt sich also von pflanzlicher Kost, z. B. Fadenalgen, mit der Beimischung der darin lebenden Kleinsttiere wie Steinfliegen-, Köcherfliegen- und Mückenlarven, Wasserkäfern, Schnecken und Muscheln.

Streng lokalisiert kommt die nah verwandte Art *C. prespense* in den beiden Seen Prespa und Maliquit im Flussgebiet des Seman in Albanien vor.

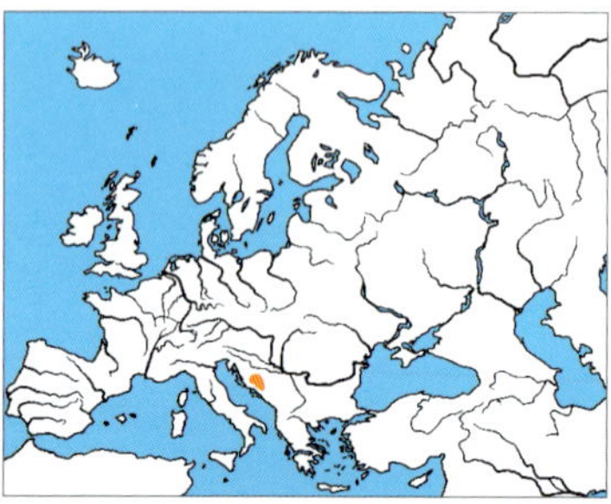

Gründling

Gobio gobio

Länge 8–15(20) cm; fast drehrunder Körper, seitlich zusammengedrückter Schwanzstiel; unterständiges Maul mit 2 kurzen Barteln.

38–45 große Rundschuppen entlang der Seitenlinie; Schlundzähne zweireihig 3.5–5.3 oder 2.5–5.2; **Flossenformel** R 9–11, Br 14–17, B 10, A 8–10, S 19.

Lebensweise Indifferenter Bodenbewohner sandiger, langsam bis mäßig fließender Gewässer, in Seen im sandgründigen Uferbereich; Friedfisch; Sandlaicher von Apr–Aug bei 13–24 °C Wt; 500–7000 Eier pro ♀; ♂ mit 2, ♀ mit 2–3 Jahren ab 7–10 cm Länge geschlechtsreif; Höchstalter 8 Jahre.

Vorkommen EU bis Asien (China).

Bestand heute Weit verbreitet und sich durch Besatz ausdehnend, so in Irland, Teilen Englands, auf der Iberischen Halbinsel und im Arno in Italien eingeführt; lokal in stark verschmutzten Gewässern verschwunden, nach verbesserter Wasserqualität oft einer der ersten Wiederbesiedler.

Wissenswert! In Scharen sucht der tagaktive Gründling, gewöhnlich an flachen Stellen mit dem Kopf gegen die Strömung gerichtet und mit seinen Barteln tastend, nach kleinen Bodentieren und Algen. Er laicht in flachem, oft kaum handtiefem Wasser auf sandigem bis feinkiesigem, in jedem Fall schlammfreiem Untergrund. Aus den hier festklebenden Eiern schlüpfen nach 3–20 Tagen die Larven.

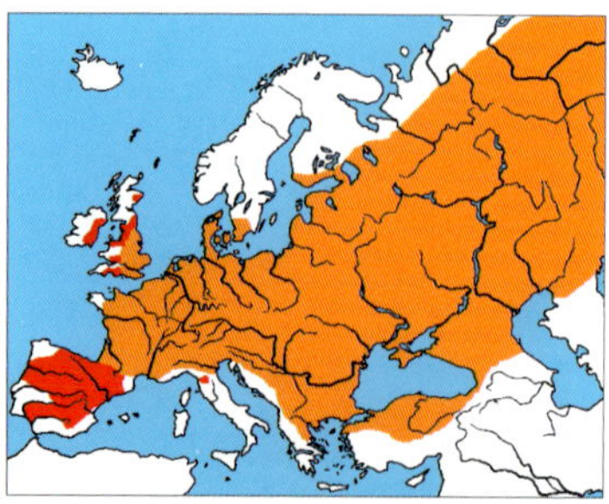

Gründling

Elritzennäsling

Kesslergründling, Sandgressling

Gobio kesslerii

Länge 6–9(13) cm; fast drehrunder Körper mit schlankem, niedrigem Schwanzstiel; unterständiges Maul mit 2 langen, bis zum Hinterende der Augen reichenden Barteln.

40–43 große Rundschuppen entlang der Seitenlinie; Schlundzähne zweireihig 3.5–5.3 oder 2.5–5.2; **Flossenformel** R 9–12, Br 4, B 8, A 8–10, S 19.

Lebensweise Rheophiler Bodenbewohner in schnell fließenden Niederungsgewässern; Friedfisch; Sandlaicher von Mai–Sep; 2000–3000 Eier pro ♀; mit 2–3 Jahren ab 6–7 cm Länge geschlechtsreif; Höchstalter 6 Jahre.

Vorkommen Donau ab Wien mit größeren Lücken bis zum Schwarzen Meer, diverse Zuflüsse zur mittleren und unteren Donau; außerdem Dnjestr nebst Zuflüssen, oberes Weichselgebiet, Loudias und Pinios in Griechenland.

Bestand heute In seinem oberen Verbreitungsgebiet in der Donau wohl immer schon selten, in anderen Fließgewässerstrecken häufig, gefährdet durch Wasserverschmutzung und Dammbauten. **§**

Wissenswert! Der K. hält sich gern in flachem, kaum mehr als 1 m tiefem Wasser auf. Zum Laichen sammeln sich oft mehrere Hundert Individuen umfassende Scharen an schnell überströmten, seichten, von Kies durchsetzten Sandbänken. Während der langen Laichzeit werden die Eier in 4 Portionen auf dem flach überströmten Untergrund abgelaicht.

Steingressling

Gobio uranoscopus

Länge 10–12(15) cm; schlanker, niedriger, spindelförmiger Körper; langer, dünner Schwanzstiel; unterständiges Maul mit 2 langen, weit hinter die Augen reichenden Barteln.

40–42 große Rundschuppen entlang der Seitenlinie; Schlundzähne zweireihig 3.5–5.3 oder 2.5–5.2; **Flossenformel** R 9–10, Br 14, B 7, A 7–9, S 19.

Lebensweise Rheophiler Bodenbewohner sehr schnell fließender, steiniger, sauerstoffreicher Gewässer; Friedfisch; Freiwasser-Gesteinlaicher von Mai–Sep bei 12–16 °C Wt; Höchstalter 6 Jahre.

Vorkommen Gebirgsflüsse im Donaugebiet, in der oberen Donau, Zuflüsse zur mittleren und unteren Donau, Zuflüsse zur Theiß sowie in den Ägäis-Zuflüssen Aliakmon, Pinios und Loudias.

Bestand heute Durch Wasserverschmutzung sowie Wehr- und Staudammbauten zunehmend zerstreut. **RL§**

Wissenswert! Tagsüber hält sich der S. unter Steinen versteckt, nachts und bei trübem Hochwasser geht er auf Nahrungssuche. Er ernährt sich von Insektenlarven und Kieselalgen. Die Laichplätze dieses Mehrfachlaichers liegen im flachen, schnell überströmten Wasser mitten in der stärksten Strömung. Die Eier driften ab und haften weit verstreut an Hartsubstraten an. Nach 7–17 Tagen schlüpfen die Larven. Die erwachsenen Fische schwimmen stromaufwärts.

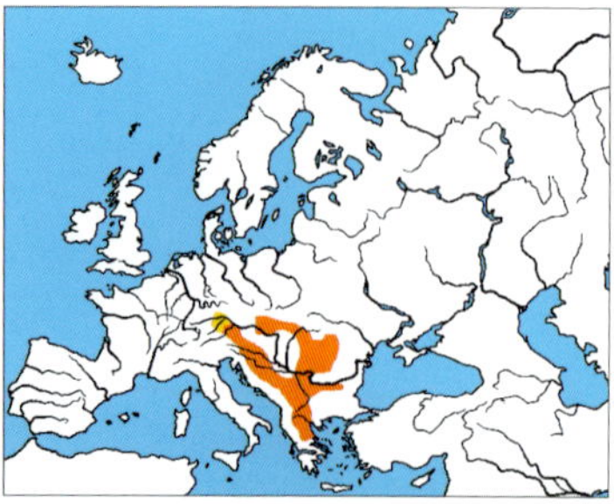

Steingressling

Kesslergründling, Sandgressling

Weißflossiger Gründling

Gobio albipinnatus

Länge 8–12(15) cm; länglicher, relativ niedriger, seitlich zusammengedrückter Körper von blasser Färbung; unterständiges Maul mit 2 bis zum Hinterende der Augen reichenden Barteln.

39–43 große Rundschuppen entlang der Seitenlinie; Schlundzähne zweireihig 3.5–5.3 oder selten 2.5–5.2; **Flossenformel** R 10–11, Br 14, B 8, A 8–9, S 19.

Lebensweise Rheophiler Bodenbewohner tieferer, mäßig fließender Niederungsgewässer mit feinsandigem Untergrund; Friedfisch; Sandlaicher von Mai–Jun bei ca. 16 °C Wt; 500–1500 Eier pro ♀; mit 2 Jahren ab 7–8 cm Länge geschlechtsreif; Höchstalter 6 Jahre.

Vorkommen Mittlere und manchmal untere Flussstrecken im Einzugsgebiet der Ostsee, des Schwarzen und Kaspischen Meeres; einheimisch in großen Flüssen wie Warthe, Weichsel, Donau, Dnjestr, Bug, Dnjepr, Don, Wolga und Ural.

Bestand heute Sich ausbreitend, Erstnachweise in der Oder ab 1996 sowie im Einzugsgebiet der Nordsee ab 1997 in der Elbe, ab 1999 im Rhein. **RL§**

Wissenswert! Der W. G. laicht in langsam fließendem Wasser. Das ♀ legt seine Eier in 4 Portionen mit etwa einwöchigen Intervallen ab. Die Larven schlüpfen nach 10–18 Tagen. Der W. G. ernährt sich von kleinen Bodentieren und Algen. Die Art zeigt eine relativ hohe Toleranz gegenüber Wasserverschmutzung.

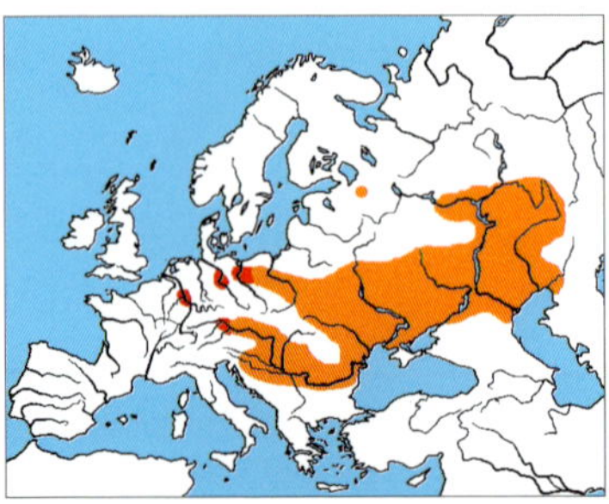

Kaukasusgründling

Gobio ciscaucasius

Länge 11–14(15) cm; breiter, kurzer Kopf, vorn gedrungener Körper mit nach hinten stark abfallendem, langem, dünnem Schwanzstiel; unterständiges Maul mit 2 langen Barteln.

41–45 große Rundschuppen entlang der Seitenlinie; Schlundzähne zweireihig 3.5–5.3 oder 2.5–5.2; **Flossenformel** R 9–10, Br 14, B 7, A 7–9, S 19.

Lebensweise Rheophiler Bodenbewohner sehr schnell fließender, sauerstoffreicher Gebirgsgewässer mit kiesigem und steinigem Untergrund; Friedfisch; Laichzeit Mai–Jun; Höchstalter 6 Jahre.

Vorkommen Gebirgsflüsse im Gebiet nördlich des Kaukasus im Einzugsgebiet des Kaspischen Meeres, z. B. Kuma, Terek mit Nebenflüssen, Sunzha, Sulak und Samur; außerdem kommt der K. in dem zum Asowschen Meer fließenden Kuban vor.

Bestand heute Stabil.

Wissenswert! Der K. ernährt sich von kleinen Bodentieren wie Insektenlarven, Kleinkrebsen und Würmern.

Südlich des Kaukasus lebt im Einzugsgebiet des Kaspischen Meeres der **Persische Gründling** *G. persus*. Diese etwa 13 cm lang werdende Art ist wie der K. ein typischer Bewohner fließender Gewässer. Der P. G. wird im Alter von 2–3 Jahren geschlechtsreif. In den Ovarien der ♀ entwickeln sich dann 4000–160 000 Eier, die während der Laichzeit von Apr–Jun in Portionen abgelegt werden.

Kaukasusgründling

Weißflossiger Gründling

Barbengründling

Aulopyge huegelii

Länge 10–15(20) cm; gestreckter, seitlich leicht abgeflachter Körper; zusammengedrückter Schwanzstiel; schuppenlose Haut; unterständiges Maul mit 4 kurzen Barteln.

Vollständige, wellig verlaufende Seitenlinie; Schlundzähne einreihig 4–4; **Flossenformel** R 10–11, B 9, A 7, S 19.

Lebensweise Indifferenter Bodenbewohner vorzugsweise der Oberläufe schnell fließender, aber auch der Uferregionen stehender Karstgewässer; Friedfisch; Gesteinlaicher im Mai; 1600–4600 orangegelbe Eier pro ♀; ♂ mit 1, ♀ mit 2 Jahren geschlechtsreif; Höchstalter 8 Jahre.

Vorkommen Im Einzugsgebiet der Adria in Karstflüssen sowie in einigen kleinen, im Karstgebiet verschwindenden Bächen und Seen bei Livno in Kroatien und in Bosnien-Herzegowina.

Bestand heute Stark gefährdet.

Wissenswert! Die vom B. besiedelten Fließgewässer und Seen besitzen als gemeinsames Merkmal einen steinigen Untergrund. Im Gewässersystem unternehmen die Fische in Abhängigkeit von Jahreszeit und Wasserstand Wanderungen, welche sie insbesondere zur Überwinterung in Höhlengewässer führen. Bei einer Wt von 13–17 °C ziehen die geschlechtsreifen B. in flaches, strömungsarmes Wasser, um dort zu laichen. Der 2. Flossenstrahl der Afterflosse des ♀ besitzt eine fleischige Anal- und Genitalröhre.

Barbe

Barbus barbus

Länge 30–60(100) cm; lang gestreckter Körper; fast gerade Bauchkontur; unterständiges Maul, fleischige Lippen; 4 dicke Barteln am Oberlippenrand.

55–65 mittelgroße Rundschuppen entlang der Seitenlinie; Schlundzähne dreireihig 2.3.5–5.3.2; **Flossenformel** R 10–12, Br 16–18, B 10, A 8, S 19.

Lebensweise Rheophiler Bodenbewohner mäßig strömender bis rasch fließender, kiesgründiger Flüsse (Barbenregion); Friedfisch; Kieslaicher von Mai–Jul; 3000–32 000 goldgelbe Eier pro ♀; mit 3–4 Jahren ab 25–30 cm Länge geschlechtsreif; Höchstalter 15 Jahre.

Vorkommen Mittelläufe der Flüsse von SW-England und Frankreich über M.-EU bis zur Balkanhalbinsel und zum Dnjepr und Njemen.

Bestand heute Verbreitet; Rückgang durch Ausbau der Fließgewässer zu Wasserstraßen; durch Besatz weiter ausgedehnt, so z. B. im Severn in SO-England eingebürgert. **RL**

Wissenswert! Die B. hält in tieferen, ruhigen Ausbuchtungen Winterruhe. Zur Laichzeit zieht sie in Schwärmen flussaufwärts, um auf sauberem, von Steinen durchmischtem Kiesgrund zu laichen. Aus den Eiern, die auf und zwischen den Kieseln festkleben, schlüpfen nach 6–15 Tagen die Larven. Ins Kieslückensystem fallend, zehren sie verborgen und gut geschützt ihren Dottersack auf. Die Jungfische wandern flussabwärts.

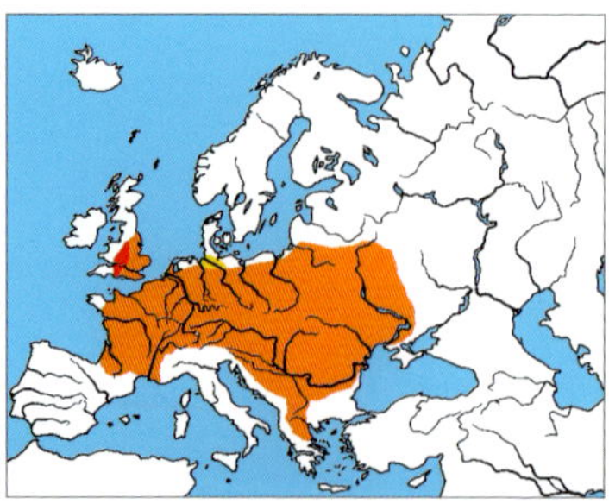

Barbe

Barbengründling

Südbarbe

Barbus plebejus

Länge 25–30(70) cm; lang gestreckter Körper; unterständiges Maul mit fleischigen Lippen; 4 dicke Barteln am Oberlippenrand; Rücken und Flanken gefleckt, R, S und A gepunktet.

58–77 mittelgroße Rundschuppen entlang der Seitenlinie; Schlundzähne dreireihig 2.3.5–5.3.2; **Flossenformel** R 11, Br 16–18, B 9, A 8, S 19.

Lebensweise Rheophiler Bodenbewohner in klaren, sauerstoffreichen Fließgewässern, selten auch in Seen; Friedfisch; Kieslaicher von Apr–Aug; 10 000–20 000 Eier pro ♀; ♂ mit 2–4 Jahren geschlechtsreif, ♀ mit 3–4 Jahren.

Vorkommen In Gebirgs- und Flachlandflüssen im Einzugsgebiet des Mittelmeers (N-Italien, Slowenien, Kroatien), des Schwarzen und des Asowschen Meeres; außerdem in den nördlich des Kaukasus zum Kaspischen Meer hin entwässernden Flüssen Kuma, Terek und Sulak.

Bestand heute In Italien hauptsächlich aus dem Pogebiet in praktisch jedem Fluss Mittelitaliens eingebürgert. §

Wissenswert! Die gesellig lebende S. ernährt sich von wirbellosen Tieren des Gewässergrunds und von Algenaufwuchs, erwachsene S. schnappen gelegentlich auch nach kleinen Fischen. Zum Laichen suchen die geschlechtsreifen Tiere flach überströmte Kiesbänke auf. Die ♂ versammeln sich und folgen den reifen ♀. Aus den in den Kieslücken liegen bleibenden Eiern schlüpfen bereits nach ca. 4 Tagen die Larven.

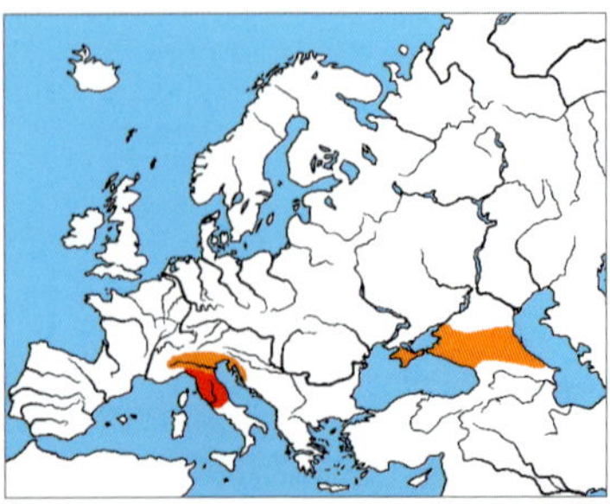

Forellenbarbe, Hundsbarbe

Barbus meridionalis

Länge 20–25(40) cm; gedrungener Körper; unterständiges Maul mit fleischigen Lippen; 4 dicke Barteln am Oberlippenrand; Rücken und Flanken unregelmäßig gefleckt.

48–55 große Rundschuppen entlang der Seitenlinie; Schlundzähne dreireihig 2.3.5–5.3.2; **Flossenformel** R 11, Br 16–18, B 10, A 8, S 19.

Lebensweise Rheophiler Bodenbewohner rasch fließender, kühler, gefällereicher Flüsse mit Kies- und Steingrund, gelegentlich in Seen; Friedfisch; Kieslaicher von Mai–Jul.

Vorkommen S-EU von NO-Spanien bis zum Rhônegebiet in Frankreich; weder äußerlich noch in der Lebensweise, aber genetisch unterscheidbar von den „Zwillingsarten“ *B. caninum* in N-Italien und der S-Schweiz und *B. peloponnesius* in Albanien, Griechenland sowie, unter dem Namen **Semling**, im Einzugsgebiet der mittleren Donau, im Oberlauf der Oder, im Weichsel- und Passargebiet und im Dnjestrbecken.

Bestand heute Uneinheitlich, teils durch mindere Wasserqualität und Fließgewässerausbau abnehmend, teils durch Besatz weiter verbreitet. §

Wissenswert! Die F. ernährt sich vom pflanzlichen Aufwuchs der Steine sowie von Insektenlarven und Weichtieren. Nach einer stromaufwärts gerichteten Laichwanderung erfolgt die Eiablage im schnell fließenden Wasser zwischen Steinen auf seichten Kiesbänken.

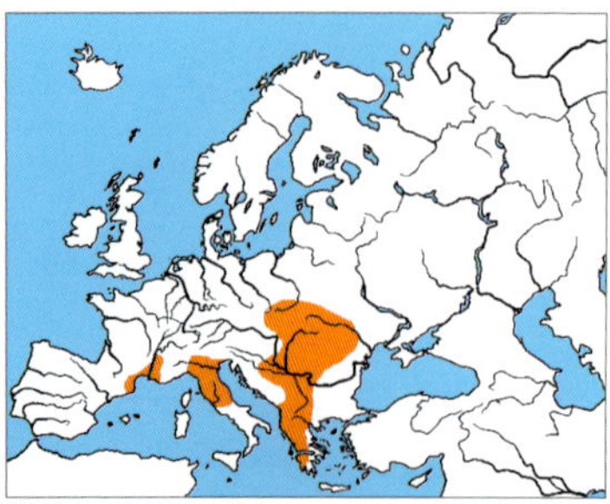

Forellenbarbe, Hundsbarbe

Südbarbe

Bulatmaibarbe

Barbus capito

Länge 60–90(105) cm; lang gestreckter, schlanker Körper mit kaum gewölbtem Rücken; breite, flache Stirnpartie; unterständiges Maul mit fleischigen Lippen; 4 Barteln am Oberlippenrand.

Die vorderen Barteln reichen nicht bis zum Augenvorderrand; 58–65 mittelgroße Rundschuppen entlang der Seitenlinie; Schlundzähne dreireihig 2.3.5–5.3.2; **Flossenformel** R 11–12, Br 16–18, B 10, A 8, S 19.

Lebensweise Rheophiler Bodenbewohner mäßig strömender bis rasch fließender Flüsse mit Kiesgrund; zieht auch vom Meer anadrom zum Laichen die Flüsse hinauf; Fried- und Raubfisch; Kieslaicher von Mai–Jun; mit 6–7 Jahren geschlechtsreif.

Vorkommen In Unter- und Mittelläufen von Flüssen, die ins Kaspische Meer münden, z. B. Kura, Araks, Lenkoranka, Samur, Rubas-Tchai, Kayakent, Terek und Sunzha, sowie in Flüssen, die in den Aralsee münden; auch im salzigen Wasser dieser Gebiete.

Bestand heute Durch Dammbauten und starke Befischung rückläufig.

Wissenswert! Die B. lebt in größeren Gruppen. Als Nahrung dienen ihr wirbellose Tiere des Gewässergrunds, hauptsächlich Insektenlarven, daneben auch Pflanzen, im Alter kleine Fische. Zur Laichzeit zieht die B. in Schwärmen flussaufwärts. Sie laicht in fließendem Wasser auf sauberen, von Steinen durchmischten Kiesbänken.

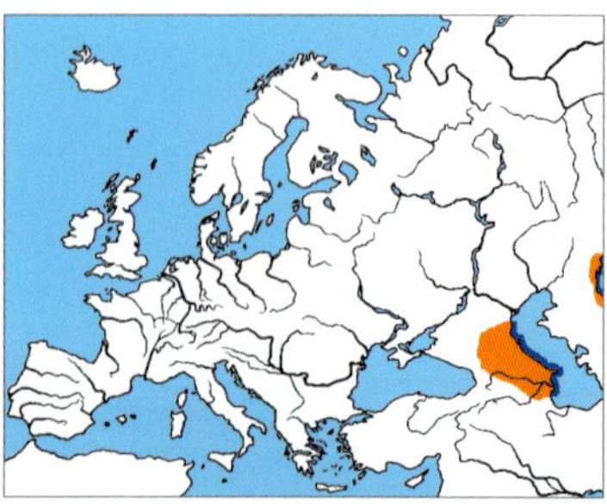

Albanische Barbe

Barbus albanicus

Länge 30–40(45) cm; schlanker Körper; kurze, abgerundete Schnauze; unterständiges Maul mit fleischigen Lippen; 4 kurze Barteln am Oberlippenrand.

49–52 mittelgroße Rundschuppen entlang der Seitenlinie, Schuppen auf den Seiten dunkelbraun gefleckt; die vorderen Barteln reichen zurückgelegt nicht bis zum Auge; Schlundzähne dreireihig 2.3.5–5.3.2 oder 2.3.5–5.4.2; **Flossenformel** R 12, Br 16–18, B 10, A 8, S 19.

Lebensweise Indifferenter Bodenbewohner stehender und fließender Karstgewässer; Friedfisch; Kieslaicher von Mai–Jun; mit 3–4 Jahren geschlechtsreif; Höchstalter 14 Jahre.

Vorkommen Im Scutarisee in Albanien/Jugoslawien und im Janinasee in W-Griechenland. Eine verwandte Art, die **Griechische Barbe** *B. graecus*, kommt in SO-Griechenland in Fließgewässern (z. B. Acheloos) und in Seen (z. B. Trichonisee) vor.

Bestand heute Stabil.

Wissenswert! Zur Laichzeit tragen die ♂ auf ihrer Schnauze und Stirn perlartige Hautknötchen, die in Reihen angeordnet sind. Durch diesen Laichausschlag wird die sonst glatte Fischhaut rau. Reibt sich beim Liebesspiel das ♂ an das ♀, wird dieses durch die „raue Berührung“ zur Eiablage angeregt. Die A. B. laicht auf steindurchmischten Kiesbänken. Als Nahrung dienen dieser geselligen Art Kleintiere und pflanzliches Material.

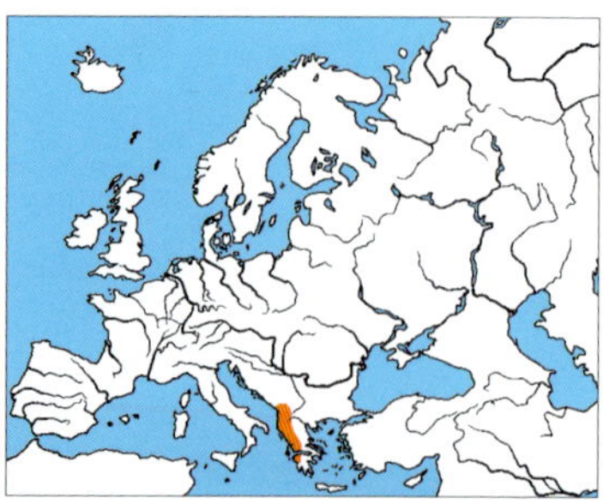

Albanische Barbe

Bulatmaibarbe

Aralbarbe

Barbus brachycephalus

Länge 80–100(120) cm; schlanker, vorn gedrungen erscheinender Körper; spitze Schnauze; unterständiges Maul mit fleischigen Lippen; 4 fast gleich lange Barteln am Oberlippenrand.

67–76 kleine Rundschuppen entlang der Seitenlinie; Ansätze der Schuppen mit dunkelgrünem Punkt; die vorderen Barteln reichen zurückgelegt über den Augenvorderrand hinaus; Schlundzähne dreireihig 2.3.5–5.3.2; **Flossenformel** R 10–11, Br 18, B 10, A 8, S 19.

Lebensweise Anadromer Wanderer; Friedfisch; Freiwasser-Gesteinlaicher von Apr–Aug; 0,1–1,3 Mio. Eier pro ♀; ♂ mit 5–7 Jahren, ♀ mit 6–7 Jahren ab 55–75 cm Länge geschlechtsreif.

Vorkommen Im Brack- und Meerwasser des Aralsees sowie im Unterlauf der Zuflüsse Amudarja und Syrdarja; die **Kaspische Barbe** *B. b. caspius* lebt als Unterart im Kaspischen Meer, von wo sie zum Laichen in den Unterlauf der Zuflüsse, z. B. Wolga, Ural, Terek, aufsteigt.

Bestand heute Durch Dammbauten und starke Befischung rückläufig.

Wissenswert! Die A. lebt gesellig. Als Fisch des Gewässergrunds sucht sie nach Bodentieren wie Schnecken, Muscheln, Insektenlarven, Kleinkrebsen und Würmern, von denen sie sich ernährt. Zur Laichzeit schwimmt sie in kleinen Schwärmen in die Zuflüsse. Auf flach überströmten Kiesbänken werden die klebrigen Eier abgesetzt. Die in 1–2 m tiefem, schnell fließendem Wasser gelaichten Eier verdriften mit der Strömung.

Iberische Barbe

Barbus comizo

Länge 20–30(35) cm; mäßig gestreckter, gedrungener Körper; breiter, abgeflachter Kopf; unterständiges Maul mit dünnen Lippen; 4 kurze, dünne Barteln am Oberlippenrand.

Die vorderen Barteln reichen nicht bis zum Auge; 49–51 große Rundschuppen entlang der Seitenlinie; Schlundzähne dreireihig 2.3.5–5.3.2; **Flossenformel** R 11–12, A 8, S 19.

Lebensweise Rheophiler Bodenbewohner langsam bis rascher fließender Gewässer; Friedfisch; Kieslaicher von Mai–Jun; Lebensdauer bis zu 8 Jahre und mehr.

Vorkommen In Fließgewässern im S und SW der Iberischen Halbinsel im Einzugsgebiet der Flüsse Tajo, Jarama, Guadiana und Guadalquivir.

Bestand heute Durch Wasserverschmutzung, Damm- und Gewässerausbau sowie die Einführung exotischer Raubfische selten geworden; das Vorkommen im Guadalquivir ist erloschen. **§**

Wissenswert! Die I. B. ist ein in Bodennähe lebender Schwarmfisch der Unter- und Mittelläufe der Fließgewässer. Als Allesfresser sucht sie zwischen Wasserpflanzen nach kleinen Bodentieren wie Würmern, Schnecken, Muscheln, Insektenlarven und Kleinkrebsen. Daneben ernährt sie sich von pflanzlichem Material, und größere, erwachsene Exemplare fressen gelegentlich auch kleine Fische. Die Eiablage erfolgt über seichten, überströmten Kiesbänken.

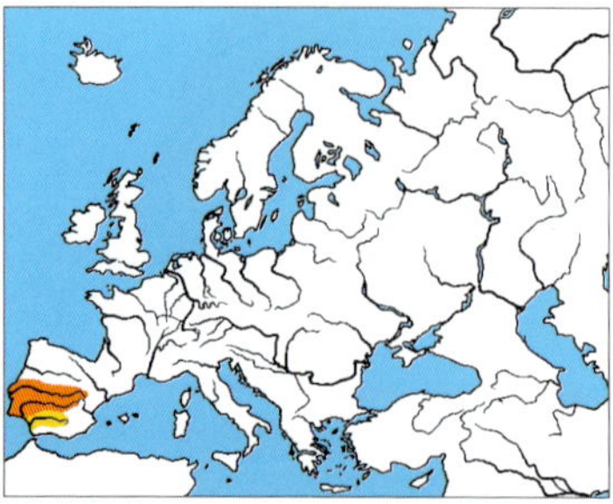

Iberische Barbe

Aralbarbe

Schemaja

Chalcalburnus chalcoides

Länge 15–30(40) cm; schlanker, lang gestreckter, seitlich abgeflachter Körper mit einem Kiel zwischen den Brustflossen und dem After; oberständiges Maul.

57–70 kleine Rundschuppen entlang der Seitenlinie; After im hinteren Teil nicht mit Schuppen bedeckt; Schlundzähne zweireihig 2.5–5.2; **Flossenformel** R 11, Br 16, B 10–11, A 20–24, S 19.

Lebensweise Anadromer Wanderer; Friedfisch; Kieslaicher von Mai–Jun; 15 000–23 500 Eier pro ♀.

Vorkommen Kaspisches Meer, von hier aus in die Flüsse Terek und Kura ziehend, sporadisch auch in die Wolga und den Ural. 7 Unterarten: *C. c. derjugini* als Süßwasserbewohner in Zuflüssen des Schwarzen Meeres (Krim bis Batum), *C. c. istanbulensis* im Kagithane-Fluss/Istanbul, *C. c. macedonicus* im Wolwisee/Griechenland, *C. c. mandrensis* im Mandrasee/Bulgarien, *C. c. mento* = Mairenke (⇨ auf dieser Seite), *C. c. mentoides* im Salgir-Fluss/Krim sowie *C. c. schischkovi* in den Flüssen Rezova und Veleka in O-Bulgarien.

Bestand heute Keine aktuellen Informationen. **§**

Wissenswert! Aus dem Brack- und Seewasser schwimmen die erwachsenen Fische oft in großen Schwärmen zum Laichen die Flüsse hinauf. Die Laichplätze des S. liegen an flachen, stein- und kiesgründigen Flussstellen. Als Nahrung dienen Planktontiere und kleine Bodentiere.

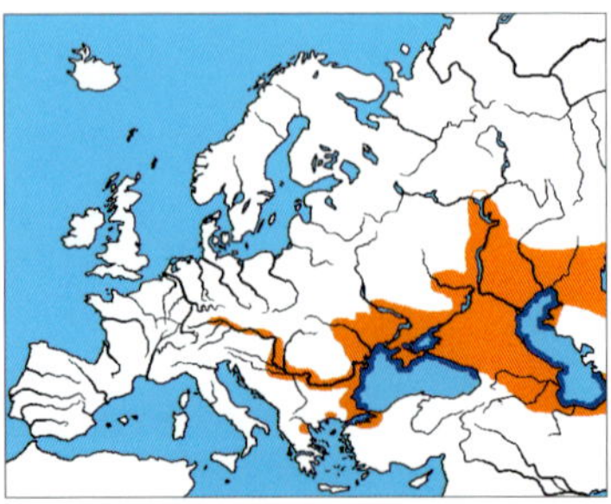

Mairenke, Seelaube

Chalcalburnus chalcoides mento

Länge 15–25(35) cm; schlanker, lang gestreckter, seitlich abgeflachter Körper; oberständiges Maul mit verdicktem, vorstehendem Unterkiefer.

60–67 kleine Rundschuppen entlang der Seitenlinie; Schlundzähne zweireihig 2.5–5.2; **Flossenformel** R 9–11, Br 16, B 10–11, A 17–20, S 19.

Lebensweise Indifferenter Bewohner tiefer, kühler Seen, Stauseen und Flüsse, anadrom in Brackwassergebieten; Friedfisch; Kieslaicher von Mai–Jun; 10 000–15 000 Eier pro ♀; mit 2–3 Jahren geschlechtsreif; Höchstalter 9 Jahre.

Vorkommen Voralpenseen in Bayern (z. B. Chiem- und Simssee, Ammer- und Starnberger See) und Österreich (Traun-, Atter-, Mond-, Grundl-, Wolfgang-, Wörthersee) sowie im oberen und unteren Flussgebiet der Donau, in Zuflüssen des Schwarzen sowie des Asowschen Meeres.

Bestand heute In Seen in hohen Dichten; in Fließgewässern des oberen Donaueinzugsgebiets selten, im unteren häufig; durch Besatz in Seen und Fließgewässern weiter verbreitet. **RL§**

Wissenswert! Während des Sommers bevorzugt die M. tieferes Wasser. Zur Laichzeit sucht sie scharenweise das flache Wasser sowie die Zu- und Abflüsse der Seen auf, um an kiesigen Stellen zu laichen. Die frisch geschlüpften Larven verstecken sich im Lückensystem der Kieselsteine, bis ihr Dottersack aufgezehrt ist.

Mairenke, Seelaube

Schemaja

Ukelei, Laube

Alburnus alburnus

Länge 12–15(20) cm; länglicher, schlanker, seitlich abgeflachter Körper; kleines, oberständiges Maul; schuppenloser, scharfer Kiel zwischen Br und A.

46–53 Rundschuppen entlang der Seitenlinie; Schlundzähne zweireihig 2.5–5.2; **Flossenformel** R 11–12, Br 15–16, B 8–9, A 18–23, S 19.

Lebensweise Indifferenter Bewohner klarer, ruhig fließender oder stehender Gewässer, auch im Brackwasser; Friedfisch; Pflanzen-Gesteinlaicher von Mär–Jun bei mindestens 15 °C Wt; 5000–10 000 blassgelbe Eier pro ♀; mit 2–3 Jahren ab 7–12 cm Länge geschlechtsreif; Höchstalter 8 Jahre.

Vorkommen Mittleres EU, von England und Frankreich ostwärts bis zum Ural.

Bestand heute Eine der am weitesten verbreiteten Arten, nicht mehr so oft wie früher in ungeheuer großen Dichten; in Spanien eingebürgert.

Wissenswert! Der U. ist ein Oberflächenfisch, der in Schwärmen im Freiwasser oder in Ufernähe über pflanzenfreiem, sandigem oder steinigem Grund gern nach Insekten schnappt, die auf das Wasser gefallen sind. Beim Schwimmen blitzen oft durch Drehungen um die Längsachse die silberglänzenden Seiten auf. Abgelaicht wird an flachen Stellen über Stein- und Kiesgrund. An diesem Hartsubstrat haften die stark klebrigen Eier fest. Der U. dient Raubfischen, besonders dem Zander, als Nahrung.

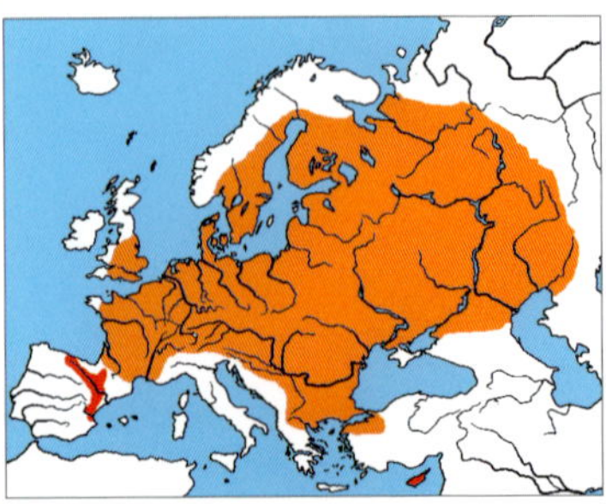

Weißer Ukelei

Alburnus albidus

Länge 12–15 (20) cm; lang gestreckter, seitlich stark abgeflachter Körper; kleines, oberständiges Maul; schuppenloser Kiel zwischen Br und A.

42–51 mittelgroße Rundschuppen entlang der Seitenlinie; Schlundzähne zweireihig 2.5–5.2; **Flossenformel** R 10–12, Br 16, B 10, A 14–16, S 19.

Lebensweise Indifferenter Bewohner klarer, ruhig fließender oder stehender Gewässer; Friedfisch; Pflanzen-Gesteinlaicher von Jun–Aug bei über 15 °C Wt; mit 1–2 Jahren ab 6–9 cm Länge geschlechtsreif.

Vorkommen In S-Italien in Flüssen, z. B. Sele, Sinni, Busento, Ofanto, Alento, und in Seen, z. B. Vulture und Monticchio, sowie als **Alborella** im Einzugsgebiet der Adria von N-Italien bis Albanien.

Bestand heute Obzwar sich der W. U. an stark veränderte Gewässer durchaus anpasst, wurde er lokal durch eingesetzte andere Weißfische verdrängt; durch Besatz weiter in S-Italien verbreitet. **§**

Wissenswert! Der W. U. lebt in Schwärmen nahe der Wasseroberfläche sauerstoffreicher Gebirgsbäche und kleiner Flüsse sowie in den Seen, die mit diesen Fließgewässern verbunden sind. Er laicht an flachen Stellen zwischen Wasserpflanzen über Kies- und Steingrund. An diesen Substraten kleben die Eier fest. Dem W. U. dienen kleine Krebstiere, Insektenlarven und Anflug als Nahrung.

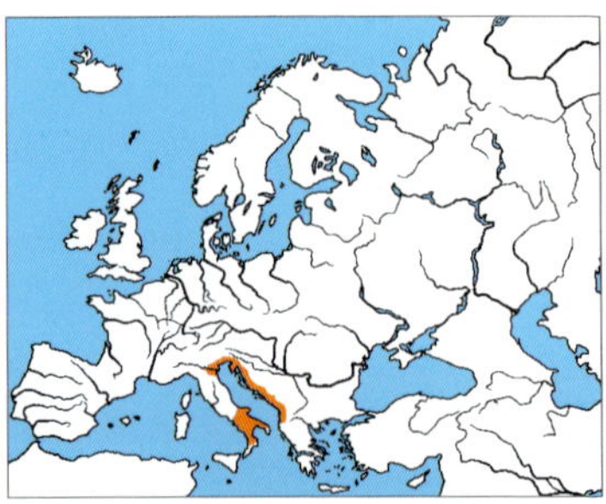

Weißer Ukelei

Ukelei, Laube

Kaukasischer Ukelei

Alburnus charusini

Länge 8–10 (15) cm; gestreckter, seitlich abgeflachter Körper mit besonders langem Schwanzstiel; kleines, oberständiges Maul mit schräg nach oben gerichteter Mundspalte.

41–47 mittelgroße Rundschuppen entlang der Seitenlinie; Schlundzähne zweireihig 2.5–5.2; **Flossenformel** R 10–12, Br 16, B 10, A 15–22, S 19.

Lebensweise Indifferenter Bewohner langsam fließender Flüsse und Seen; Friedfisch; Pflanzen-Gesteinlaicher von Apr–Jul; Höchstalter 3 Jahre.

Vorkommen In Seen zwischen Wolga und Ural sowie in stehenden und langsam fließenden Gewässern, im Uraldelta, im Kuban und in den Einzugsgebieten von Terek und Sulak südwärts bis zur Halbinsel Apscheron. Die Unterart *A. c. hohenackeri* kommt im östlichen Transkaukasien im Kura- und Araksbecken vor. Sie unterscheidet sich durch eine geringere Zahl von Schuppen auf der Seitenlinie (39–43, meist 42) und von Afterflossenstrahlen (14–19, meist 16).

Bestand heute Stabile Bestände.

Wissenswert! Der K. U. zieht in Schwärmen auf der Suche nach Nahrung durch das Freiwasser oder entlang der Uferlinie über pflanzenfreiem Sand- und Steingrund. Als Nahrung dienen dieser oberflächenorientierten Fischart neben Kleinkrebsen und Insektenlarven oft auch auf das Wasser gefallene Insekten.

Schneider

Alburnoides bipunctatus

Länge 9–13(16) cm; gestreckter, seitlich abgeflachter Körper; endständiges Maul; Seitenlinie erscheint durch eine doppelte Reihe dunkler Pünktchen wie von Nähten eingefasst.

44–54 Rundschuppen entlang der Seitenlinie; Schlundzähne zweireihig 2.5–5.2 oder 2.5–4.2; **Flossenformel** R 10–11, Br 15, B 9–10, A 18–20, S 19.

Lebensweise Rheophiler Bewohner schnell fließender Flüsse, selten in Seen; Friedfisch; Kieslaicher von Jun–Aug bei 14–24 °C Wt; 800–3000 blassgelbe Eier pro ♀; mit 2 Jahren ab 6–9 cm Länge geschlechtsreif; Höchstalter 9 Jahre.

Vorkommen Strukturreiche Fließgewässer von Frankreich bis zu Zuflüssen des Kaspischen Meeres; im Elbegebiet und ostwärts davon spärlich.

Bestand heute Eher in geringen Dichten vorkommend, in größeren Flussgebieten durch Fließgewässerausbau reduziert oder ausgelöscht, nach verbesserter Wasserqualität oft Wiederbesiedlung geeigneter Gewässer. **RL**

Wissenswert! Der S. lebt gesellig in kleinen Schwärmen. Er laicht auf Kies an rasch überströmten Stellen. Die Eier gelangen in das Kieslückensystem. Nach dem Schlüpfen verharren die Larven noch einige Tage zwischen den Kieseln. Ältere Fische suchen tiefere, z. T. schnell strömende Bereiche auf. Der S. ernährt sich von Insektenlarven, Kleinkrebsen, Anflug und Algen.

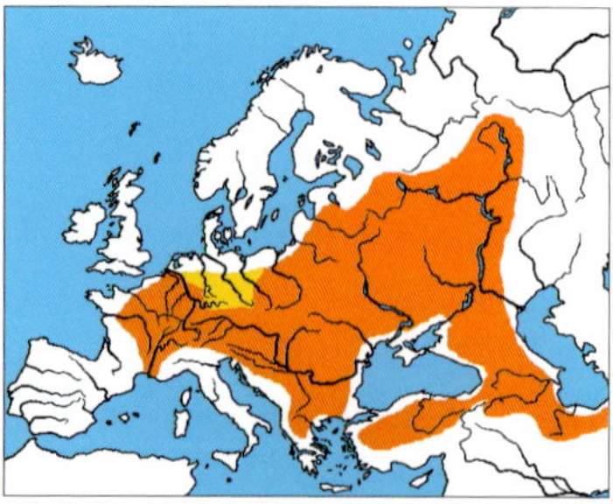

Schneider

Kaukasischer Ukelei

Güster, Blicke

Abramis bjoerkna

Länge 20–30(35) cm; hochrückiger, seitlich stark abgeflachter Körper; Maul endständig, stumpfe Schnauze.

44–50 Rundschuppen entlang der Seitenlinie; Schlundzähne zweireihig 2.5–5.2, seltener 3.5–5.3; **Flossenformel** R 11–13, Br 15–16, B 10, A 22–26, S 19.

Lebensweise Indifferenter Bewohner langsamer Fließgewässer, flacher und tiefer Seen, von Stauseen, Flussstauen, Kanälen und Brackgewässern; Friedfisch; Pflanzenlaicher von Mai–Jun bei über 15 °C Wt; 15 000–110 000 blassgelbe Eier pro ♀; ♂ mit 2–3, ♀ mit 3–4 Jahren ab 10–15 cm Länge geschlechtsreif; Lebensdauer bis über 16 Jahre.

Vorkommen Nördlich der Pyrenäen und Alpen bis zum Kaukasus und Ural, selten über 600 m Höhe.

Bestand heute In ihrem großflächigen Verbreitungsgebiet allgemein, behauptet sich auch in vom Menschen veränderten Gewässern.

Wissenswert! Zur Laichzeit sammelt sich die G. in Schwärmen an seichten Stellen. Die ♂ treiben die ♀ unter lautem Geplätscher in dichte Wasserpflanzenbestände, wo gleichzeitig Eier und Milch abgegeben werden. Die klebrigen Eier haften oft oberflächennah an den Pflanzen fest. Die langsam wachsende G. nutzt ein großes Nahrungsspektrum. Sie neigt dazu, sich mit anderen Karpfenfischen zu kreuzen, die Bastarde sind jedoch steril.

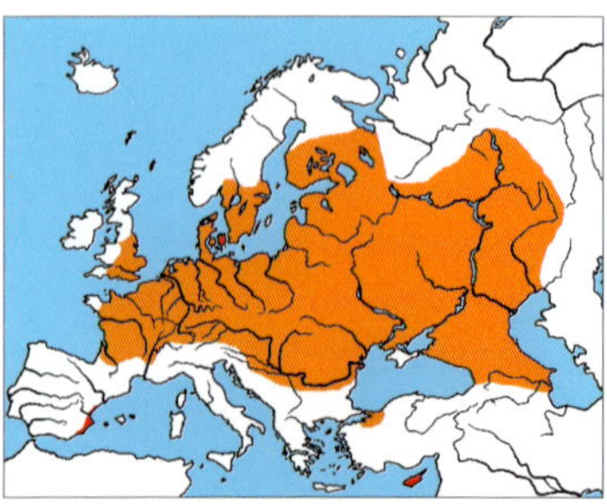

Brassen, Brachsen, Blei

Abramis brama

Länge 30–50(80) cm; hochrückiger, seitlich stark abgeflachter Körper; stumpfe Schnauze mit endständigem, vorstülpbarem Maul.

51–60 Rundschuppen entlang der Seitenlinie; Schlundzähne einreihig 5–5, selten 6–5; **Flossenformel** R 12, Br 16, B 10, A 26–31, S 19.

Lebensweise Indifferenter Bewohner langsamer Fließgewässer (Brassenregion), flacher und tiefer Seen, Stauseen, Flussstaue, Kanäle, Ästuare und Brackgewässer mit weichem Grund; Friedfisch; Pflanzen-Gesteinlaicher von Mai–Jun bei über 15 °C Wt; 90 000–340 000 gelbliche Eier pro ♀; ♂ mit 3–7, ♀ mit 4–7 Jahren ab 20–35 cm Länge geschlechtsreif; Höchstalter 23 Jahre.

Vorkommen SO-England bis Sibirien, nördlich der Pyrenäen und Alpen bis M.-Skandinavien.

Bestand heute In dem großflächigen Verbreitungsgebiet zumeist in hohen Dichten, behauptet sich in vom Menschen veränderten Gewässern.

Wissenswert! Der B. laicht an seichten Stellen in Scharen, indem kleine Gruppen aus einem oder mehreren ♀ und mehreren ♂ unter lautem Geplätscher in Wasserpflanzenbestände hineinschießen und gleichzeitig Eier und Milch abgeben. Die klebrigen Eier haften oft in großer Dichte an den Pflanzen fest. In nährstoffreichen Gewässern kommt es häufig zur Massenvermehrung bei Kümmerwuchs (sog. Verbuttung).

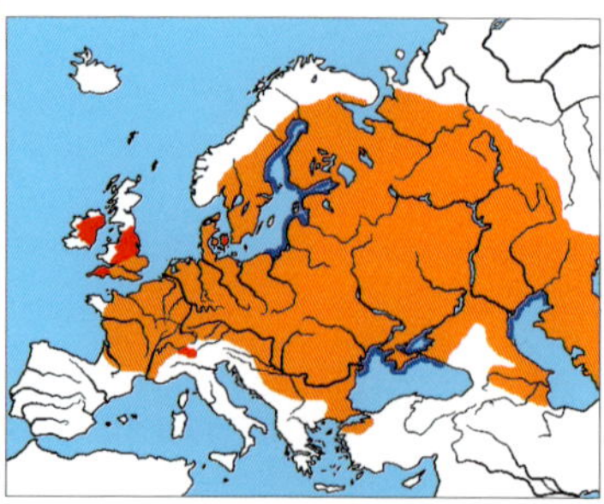

Brassen, Brachsen, Blei

Güster, Blicke

Zobel

Abramis sapa

Länge 20–30(35) cm; hochrückiger, seitlich sehr stark abgeflachter Körper; dicke, stumpfe, hochgewölbte Schnauze mit unterständigem Maul.

47–52 Rundschuppen entlang der Seitenlinie; Schlundzähne einreihig 5–5; **Flossenformel** R 11, Br 15–16, B 10, A 41–48, S 19.
Lebensweise Rheophiler Bewohner größerer Fließgewässer, als anadromer Wanderer auch im Brackwasser; Kieslaicher von Apr–Mai; 5000–100 000 Eier pro ♀; mit 3–4 Jahren geschlechtsreif; Lebensdauer bis über 8 Jahre.
Vorkommen Donaugebiet bis in 600 m Höhe, nördl. Zuflüsse zum Schwarzen, Asowschen, und Kaspischen Meer, Aralsee und im Ostseegebiet der Wolchowfluss.
Bestand heute Im Donaugebiet eher in geringer Dichte, durch Gewässerausbau und Wasserverschmutzung zurückgegangen. **RL**
Wissenswert! Im Anschluss an die in tiefen Bereichen und ohne Nahrungsaufnahme verbrachte Winterruhe ziehen die Laichschwärme stromaufwärts. Die klebrigen Eier werden im Flussbett an tiefen, kiesigen Stellen abgelaicht. Die frisch geschlüpften Larven liegen am Grund, bis der Dottersack aufgebraucht ist. Seine Nahrung – Würmer, Kleinkrebse, Insektenlarven, Schnecken, kleine Muscheln und mitunter auch Pflanzen – sucht der gesellig in Bodennähe lebende Z. in schneller fließenden, kiesigen Strecken der Flüsse.

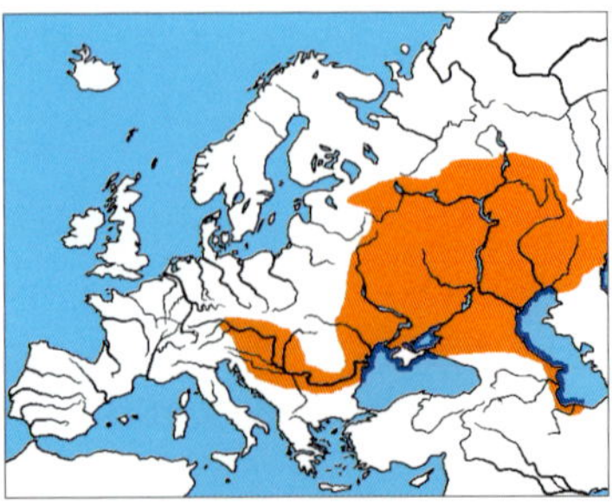

Zope

Abramis ballerus

Länge 20–35(48) cm; hochrückiger, seitlich stark abgeflachter Körper; endständiges Maul mit schräg nach oben gerichteter Mundspalte.

69–73 Rundschuppen entlang der Seitenlinie; Schlundzähne einreihig 5–5; **Flossenformel** R 11–12, Br 16, B 10, A 39–46, S 19.
Lebensweise Rheophiler Bewohner der Unter- und Mittelläufe größerer Flüsse, als anadromer Wanderer im salzarmen Brackwasser, selten in Seen; Friedfisch; Pflanzen-Gesteinlaicher von Apr–Mai; 4000–70 000 Eier pro ♀; ♂ mit 3–4, ♀ mit 4–5 Jahren geschlechtsreif; Lebensdauer bis über 14 Jahre.
Vorkommen Von der Elbe bis zur Newa, in S-Schweden und Finnland, von der Donau ab Bayern bis zu den Flüssen Don, Wolga und Ural.
Bestand heute In unterschiedlichen Dichten, ohne in ihrem bevorzugten Lebensraum verdrängt zu werden, in Flussstauen ab-, in Fließstrecken nach Verbesserung der Wasserqualität zunehmend. **RL**
Wissenswert! Die gesellig lebende Z. bevorzugt langsam strömendes Wasser, gelegentlich sucht sie stromlose Nebengewässer auf. Sie ernährt sich v. a. von tierischem Plankton, daneben frisst sie ins Wasser gefallene Insekten, pflanzliches Plankton und kleine Bodentiere. Die erwachsenen Fische wandern kurze Strecken stromauf, um an flachen, pflanzenreichen Stellen im strömenden Wasser abzulaichen.

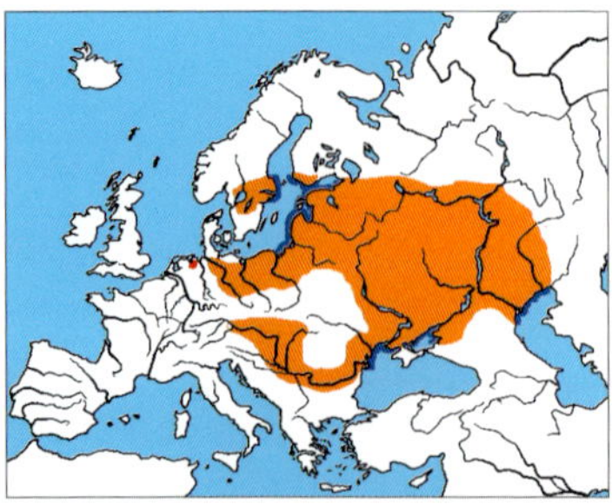

Zope

Zobel

Zährte, Rußnase

Vimba vimba

Länge 20–35(50) cm; gestreckter, seitlich abgeflachter Körper; nasenartig vorragende Schnauze mit unterständigem Maul.

53–61 Rundschuppen entlang der Seitenlinie; Schlundzähne einreihig 5–5; **Flossenformel** R 9–11, Br 16–17, B 10–11, A 19–25, S 19.

Lebensweise Rheophiler Bewohner der Unter- und Mittelläufe größerer Flüsse, teilweise anadrom, auch in Haffen der östlichen Ostsee, selten in Seen und kleineren Fließgewässern; Friedfisch; Kieslaicher von Mai–Jul; 25 000–300 000 Eier pro ♀; mit 3–4 Jahren ab 25–30 cm Länge geschlechtsreif; Lebensdauer bis über 7 Jahre.

Vorkommen Von der Ems bis zum Ladogasee, S-Schweden und S-Finnland, Zuflüsse zum Schwarzen (Donau bis Emba) und Kaspischen Meer.

In einigen Seen S-Bayerns und Österreichs lebt der nah verwandte **Seerüßling** *Vimba elongata*.

Bestand heute Verbreitet; im Rheingebiet eingeführt (Erstnachweise 1976 im Main, 1989 im Niederrhein); besiedelt auch Flussstaue, wenn Laichplätze aufgesucht werden können. **RL**

Wissenswert! Die Z. laicht im seichten, strömenden Wasser. Die ♂ säubern durch Wedeln mit dem Schwanz den Kiesgrund, auf welchem dann die klebrigen Eier haften bleiben. Nach 2,5–10 Tagen schlüpfen die Larven. Sie verbergen sich zwischen den Kieselsteinen, bis der Dottersack aufgezehrt ist.

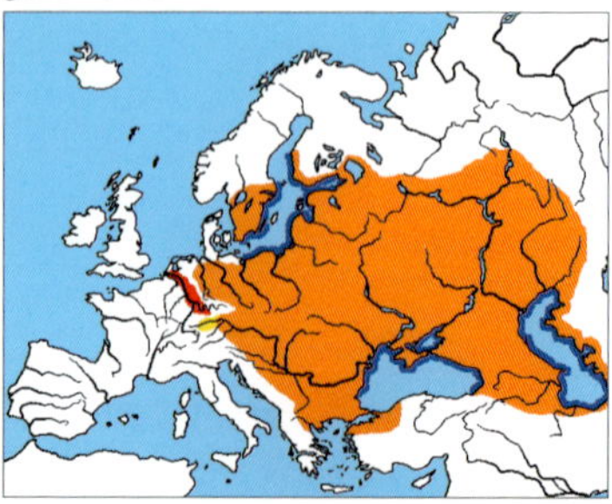

Ziege, Sichling

Pelecus cultratus

Länge 25–35(60) cm; lang gestreckter, seitlich stark abgeflachter Körper mit sichelförmig gebogener Bauchseite; oberständiges Maul mit steil nach oben gerichteter Mundspalte.

90–115 kleine Rundschuppen entlang der welligen Seitenlinie; Schlundzähne zweireihig 2.5–5.2; **Flossenformel** R 10–11, Br 16, B 9, A 29, S 19.

Lebensweise Oberflächenbewohner langsam fließender und stehender Gewässer, anadrom im Brackwasser; Raubfisch; Freiwasserlaicher von Mai–Jul; 9000–130 000 Eier pro ♀; mit 3–4 Jahren ab 19–29 cm Länge geschlechtsreif; Höchstalter 14 Jahre.

Vorkommen 2 separate Verbreitungsgebiete, Einzugsgebiete der Ostsee sowie des Schwarzen, Asowschen, Kaspischen Meeres und Aralsee; in der Donau bis Bayern, Plattensee, Neusiedler See.

Bestand heute Im südlichen Verbreitungsgebiet häufig, im nördlichen seltener. **RL§**

Wissenswert! Die laichreifen Tiere ziehen in großen Schwärmen. Nachdem die Eier im freien Wasser abgelaicht wurden, schweben sie aufgrund von eingelagerten Öltröpfchen im Wasser bzw. flottieren in der Strömung. Nach 3–8 Tagen schlüpfen die Larven. Die erste Nahrung besteht aus Planktonkrebsen, im Alter frisst die im Freiwasser jagende Z. neben Krebstieren und Insekten hauptsächlich kleine Fische, auch solche der eigenen Art.

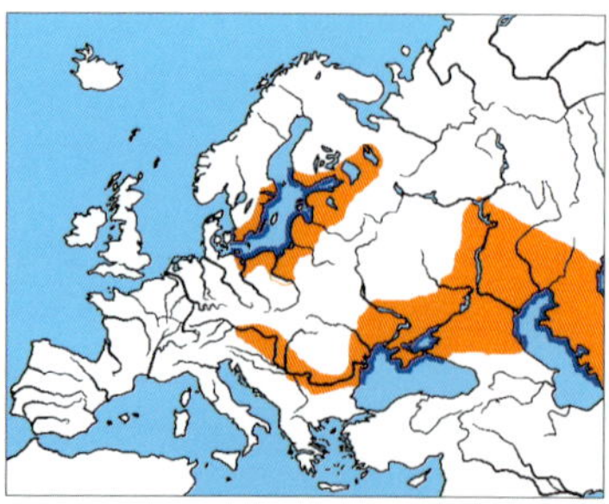

Ziege, Sichling

Zährte, Rußnase

Bitterling

Rhodeus amarus

Länge 5–6(10) cm; hochrückiger, seitlich abgeflachter Körper; kleines, endständiges Maul; unvollständige Seitenlinie über 4–6 Schuppen.

21–44 große, ovale Rundschuppen in einer Längsreihe; Schlundzähne einreihig 5–5; **Flossenformel** R 11–13, Br 11–12, B 8–9, A 11–13, S 19–20.

Lebensweise Limnophiler Bewohner warmer Seen, Weiher und gering strömender Fließgewässer; Friedfisch; Muschellaicher von Apr–Aug; 40–100 ovale Eier pro ♀; mit 1–2 Jahren ab 4–5 cm Länge geschlechtsreif; Höchstalter 7 Jahre.

Vorkommen M.- und O-EU von der Loire bis zur Wolga, bis in 700 m Höhe, zudem nördl. Kleinasien.

Bestand heute Wegen der interessanten Fortpflanzungsbiologie durch Besatz weiter verbreitet; in Großbritannien und Griechenland eingebürgert. **RL§**

Wissenswert! Der B. ist an die Anwesenheit von Großmuscheln *(Unionidae)* gebunden. Die laichreifen Tiere versammeln sich in muschelbewohnten Bereichen. Das ♂ wählt sich eine Muschel aus. Schwimmt ein ♀ mit wohlentwickelter Legeröhre hinzu und setzt einige Eier durch die Ausströmöffnung der Muschel in deren Kiemenraum hinein, folgt ihm das ♂ und gibt Sperma ab, das durch die Einströmöffnung zu den Eiern gelangt. Im Schutz der Muschel schlüpfen die Larven, die Jungen verlassen die Muschel nach ca. 1 Monat.

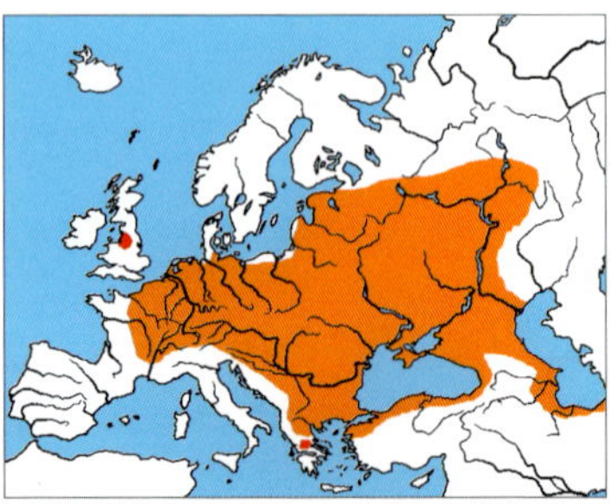

Karausche

Carassius carassius

Länge 20–35(50) cm; hochrückiger, gedrungener, seitlich abgeflachter Körper; endständiges Maul ohne Barteln.

31–35 große Rundschuppen entlang der Seitenlinie; Schlundzähne einreihig 4–4; **Flossenformel** R 17–25, Br 13–14, B 9–11, A 8–11, S 19–20.

Lebensweise Limnophiler Bewohner stromloser, pflanzenreicher Gewässer, weichgründiger Seebuchten, Weiher, Tümpel, Gräben, selbst kleinster Wasserlöcher, in denen sonst keine anderen Fischarten vorkommen, gelegentlich in langsam fließenden Gewässern und Kanälen; Friedfisch; Pflanzenlaicher von Mai–Jun bei über 15 °C Wt; 100 000–300 000 Eier pro ♀; mit 2–3 Jahren ab 8–15 cm Länge geschlechtsreif; Höchstalter 30 Jahre.

Vorkommen In weiten Bereichen in EU und Zentralasien verbreitet.

Bestand heute Durch Besatz und freigelassene Köderfische weiter ausgebreitet; Entwässerung sowie Verfüllung von Altarmen und Kleingewässern führten zu Wohngewässerverlusten. **RL**

Wissenswert! Die K. laicht in Scharen oberflächennah in flachem Wasser mit reichlichem Pflanzenwuchs. Hieran haften die klebrigen Eier in oft großer Dichte. Diese zähe Fischart hat einen außergewöhnlich niedrigen Sauerstoffbedarf. Im feuchten Schlamm überlebt sie völliges Einfrieren ebenso wie das Austrocknen ihres Tümpels.

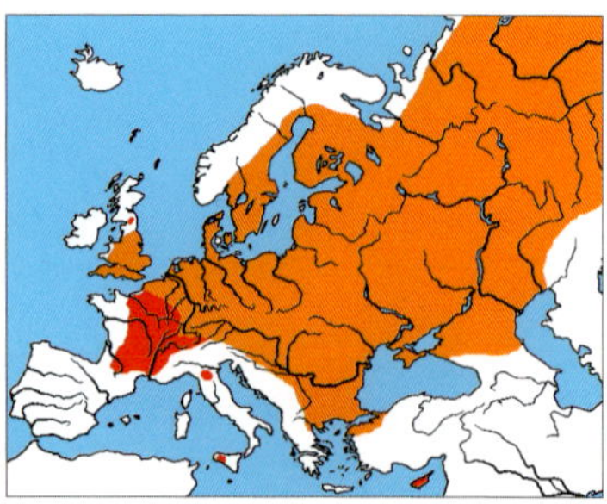

Bitterling

Karausche

Giebel, Silberkarausche

Carassius gibelio

Länge 20–30(45) cm; gestreckter, wenig hochrückiger Körper; endständiges Maul ohne Barteln.

27–31 große Rundschuppen entlang der Seitenlinie; Schlundzähne einreihig 4–4; **Flossenformel** R 20–22, Br 15–16, B 7–9, A 7–9, S 19.

Lebensweise Limnophiler Bewohner stehender und langsam fließender Gewässer mit dichten Pflanzenbeständen und weichem Grund; Friedfisch; Pflanzenlaicher von Mai–Jul bei 15–20 °C Wt; 100 000–400 000 Eier pro ♀; mit 2–4 Jahren ab 15–20 cm Länge geschlechtsreif; Höchstalter 30 Jahre.

Vorkommen O-Asien (China) bis Sibirien, in EU z. T. mit dem aus Asien eingeführten **Goldfisch** *Carassius auratus* vermischt und durch Aussetzungen weiter verbreitet, in O-EU wohl einheimisch.

Bestand heute Weit verstreut, sich durch Besatz und freigelassene Exemplare nach W- und S-EU ausdehnend.

Wissenswert! Der G. laicht zwischen dichtem Pflanzenwuchs im seichten Wasser. Die Eier kleben oft in großer Dichte an den Pflanzen fest. Nach 3–8 Tagen schlüpfen die Larven. Der G. vermag sich auch durch unbefruchtete Eier fortzupflanzen. Das Sperma verwandter Fischarten dringt dann in die Eizelle ein, befruchtet sie aber nicht, sondern stimuliert die Zellteilung und setzt die Embryonalentwicklung in Gang. Daraus entstehen nur ♀ Tiere.

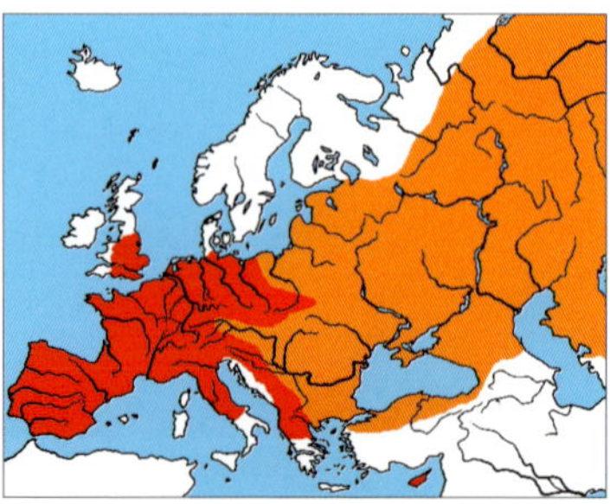

Karpfen

Cyprinus carpio

Länge 30–80(120) cm; gestreckter, seitlich etwas abgeflachter Körper; endständiges, vorstülpbares Maul mit 4 Barteln an der Oberlippe.

37–39 große Rundschuppen entlang der Seitenlinie; Schlundzähne dreireihig 1.1.3–3.1.1; **Flossenformel** R 20–26, Br 16–17, B 9–11, A 8, S 17–19.

Lebensweise Indifferenter Bewohner warmer, langsam fließender und stehender Gewässer mit reichen Wasserpflanzenbeständen; Friedfisch; Pflanzenlaicher von Mai–Jul bei über 18 °C Wt; 40 000–2 000 000 klar gelbe Eier pro ♀; mit 2–4 Jahren ab 30–45 cm Länge geschlechtsreif; Höchstalter 50 Jahre.

Vorkommen 3 Unterarten, *C. c. carpio* im Einzugsgebiet des Schwarzen, Asowschen und Kaspischen Meeres, *C. c. haematopterus* in N-China, Amurbecken, *C. c. viridiolaceus* in S-China, Vietnam. Als wichtigster Teichfisch schon im 13.–15. Jh. über fast ganz EU verbreitet.

Bestand heute Zuchtformen durch Besatz weit verbreitet; Stammform zurückgedrängt, durch Fließgewässerausbau fehlen ihr Laichplätze. **RL** (Wildform)

Wissenswert! Der K. laicht an seichten Stellen zwischen Pflanzen, an denen die Eier kleben bleiben. Nach 3–6 Tagen schlüpfen die Larven, die sich mithilfe ihrer Klebedrüsen am Kopf im Pflanzenwerk anheften, um eine Ruheperiode durchzumachen. Es gibt Schuppen-, Spiegel-, Zeil- und Lederkarpfen.

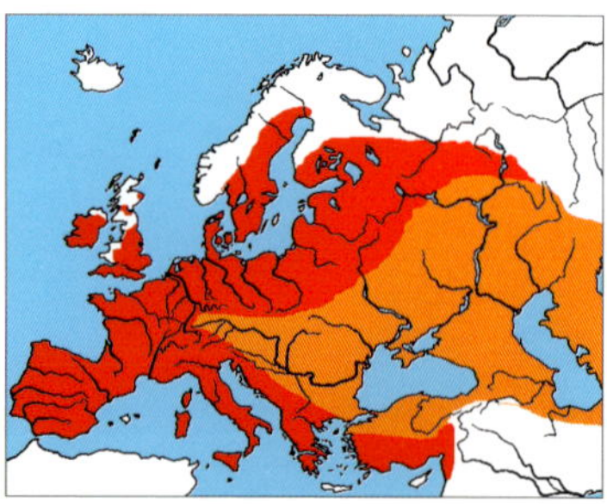

Karpfen

Giebel, Silberkarausche

Graskarpfen, Weißer Amur

Ctenopharyngodon idella

Länge 70–80(120) cm; lang gestreckter Körper mit breitem Kopf und leicht unterständigem Maul.

38–45 große Rundschuppen entlang der Seitenlinie; Schlundzähne zweireihig 2.5–5.2 oder auch 2.4–4.2, 1.5–5.1, 1.4–4.1; **Flossenformel** R 9–11, Br 14–17, B 10, A 10–11, S 19.

Lebensweise Bewohner großer, warmer, schnell strömender Flüsse der Ebenen mit ausgedehnten Überschwemmungsbereichen, Verzweigungen, Seen und Altarmen; Friedfisch; Freiwasserlaicher von Jun–Aug bei 19–30 °C Wt; 0,1–2 Mio. Eier pro ♀; mit 4–7 Jahren ab 50–70 cm Länge geschlechtsreif; Höchstalter 21 Jahre.

Vorkommen Einheimisch in mittleren und unteren Abschnitten ostasiatischer Stromgebiete vom Amur bis zum Si Kiang; in EU ab 1937, verstärkt seit 1961 eingeführt.

Bestand heute Beifisch in der Aquakultur, besatzbedingt weit verstreut in fließenden und stehenden Gewässern; pflanzt sich nur in warmen Gebieten fort, z. B. in Donau, Wolga und Ural.

Wissenswert! Als Pflanzenfresser unternimmt der G. ausgedehnte Fraßwanderungen in die pflanzenreichen Seitengewässer. Erst oberhalb von 20 °C wird sein Appetit beträchtlich. Wird er für die „biologische Entkrautung" eingesetzt, ergeben sich in Seen oft negative Auswirkungen durch Verdrängung höherer Wasserpflanzen zugunsten der Algen.

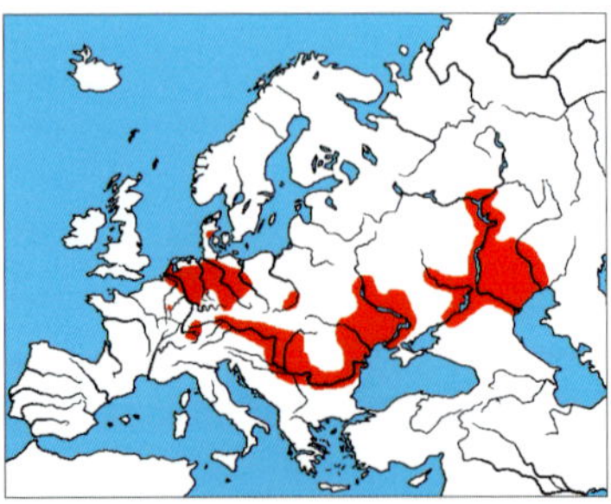

Silberkarpfen, Tolstolob

Hypophthalmichthys molitrix

Länge 60–80(100) cm; gestreckter, seitlich stark abgeplatteter Körper mit breitem, zugespitztem Kopf; oberständiges Maul.

110–124 kl. Rundschuppen entlang der Seitenlinie; Schlundzähne einreihig 4–4; **Flossenformel** R 10, A 14–17.

Lebensweise Bewohner großer, warmer Flüsse der Ebenen mit ausgedehnten Überschwemmungsbereichen; Friedfisch; Freiwasserlaicher von Mai–Jul bei 20–24 °C Wt; 0,5–2 Mio. Eier pro ♀; mit 2–6 Jahren geschlechtsreif.

Vorkommen Einheimisch in O-Asien; ab 1953 in EU eingeführt.

Bestand heute Aquakulturfisch, besatzbedingt verstreute Vorkommen überwiegend in Seen; außer in S- und SO-EU ohne Fortpflanzungsmöglichkeit, sodass die meisten Bestände überaltern und verschwinden.

Wissenswert! Aus ihrer Überwinterung in den tiefsten Stellen des Flusses ziehen die laichreifen S. in die Flussoberläufe. Sie laichen in der Nähe der Wasseroberfläche in schnell fließenden Abschnitten mit Untiefen. Mit der Strömung werden die Eier und die nach 1–2 Tagen schlüpfenden Larven oft weit abgetrieben. Sie ernähren sich zunächst von tierischem Plankton, ab einer Länge von 5–10 cm gehen sie dazu über, hauptsächlich pflanzliches Plankton zu fressen, das sie mit den Kiemenreusen abfiltrieren und im stark verlängerten Darmkanal verdauen.

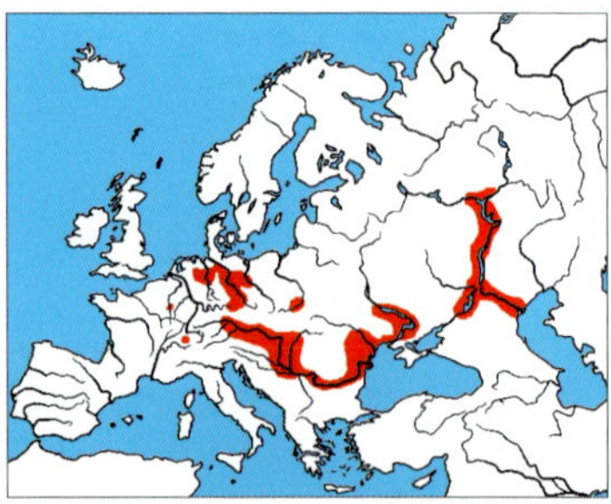

Silberkarpfen, Tolstolob

Graskarpfen, Weißer Amur

Marmorkarpfen, Gefleckter Silberkarpfen

Hypophthalmichthys nobilis

Länge 80–100(135) cm; gestreckter, etwas hochrückiger, seitlich abgeflachter Körper mit großem, breitem Kopf; oberständiges Maul.

114–120 kleine Rundschuppen entlang der Seitenlinie; Schlundzähne einreihig 4–4; **Flossenformel** R 10–13, A 15–17.

Lebensweise Bewohner großer, warmer Ströme und von Seen in deren Überschwemmungsgebiet; Friedfisch; Freiwasserlaicher von Mai–Aug bei 25–30 °C Wt; ca. 1 Mio. Eier pro ♀; mit 3–7 Jahren geschlechtsreif.

Vorkommen Einheimisch in Mittel- und S-China; in EU ab ca. 1950 eingeführt, z. B. in Zuflüssen des Schwarzen, Asowschen und Kaspischen Meeres, im Donaugebiet und schließlich 1972 im östl. D.

Bestand heute Aquakulturfisch, besatzbedingt verstreute Vorkommen zumeist in Seen und Stauseen; außer in SO-EU temperaturbedingt ohne Fortpflanzungsmöglichkeit, sodass die meisten Bestände überaltern und verschwinden.

Wissenswert! Der M. verbringt den Winter im Flussbett, in der wärmeren Jahreszeit dagegen findet er in den riesigen Überschwemmungsgebieten reiche Nahrung. In seinem Nahrungsspektrum überwiegt bei über 19 °C Wt das Zooplankton, das er mit den Kiemenreusen herausfiltriert. Sinkt die Wt unter diesen Wert, so nimmt er überwiegend Würmer, Insekten, Weichtiere und auch kleine Fische zu sich.

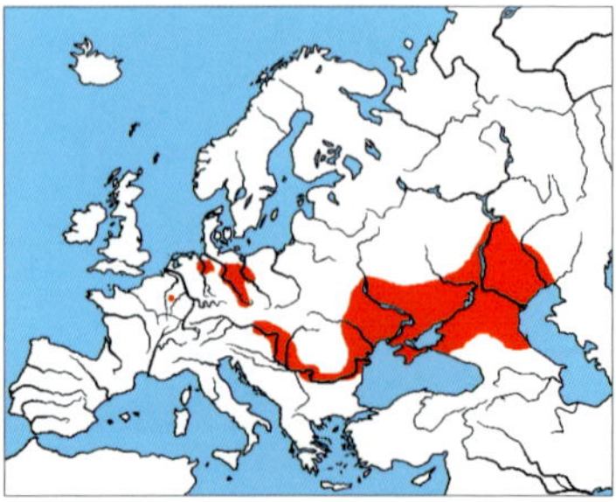

Muschelkarpfen, Schwarzer Amur

Mylopharyngodon piceus

Länge 70–90(148) cm; lang gestreckter Körper mit stumpfer, zwischen den Nasenlöchern gewölbter Schnauze und leicht unterständigem Maul.

39–43 große Rundschuppen entlang der Seitenlinie; Schlundzähne einreihig 4–5 oder zweireihig 1.4–4.1; **Flossenformel** R 10–11, Br 14–17, B 10, A 11.

Lebensweise Bewohner großer, warmer, schnell strömender Flüsse der Ebenen mit ausgedehnten Überschwemmungsbereichen, Verzweigungen, Seen und Altarmen; Friedfisch; Freiwasserlaicher bei einer Wt von 26–30 °C; 0,13–1,2 Mio. Eier pro ♀; mit 6–9 Jahren ab 75–80 cm Länge geschlechtsreif; Höchstalter 15 Jahre.

Vorkommen Asiatische Flüsse; im südlichen Wolgagebiet sowie in den Zuflüssen des nördlichen Schwarzen Meeres ausgesetzt.

Bestand heute Sein Vorkommen ist zumeist an Besatz gebunden oder besteht aus entwichenen Fischen, wobei der M. nur selten in europäischen Teichwirtschaften, z. B. in Ungarn und Rumänien, gehalten wird.

Wissenswert! Der M. laicht im Frühjahr im stark strömenden Hauptstrom unterer Flussabschnitte. Die Eier und die nach wenigen Stunden geschlüpften Larven driften mit der Strömung davon, bis sie groß genug sind, die nahrungsreichen Seen der überfluteten Bereiche aufzusuchen. Die Hauptnahrung des M. besteht aus Schnecken und Muscheln.

Muschelkarpfen, Schwarzer Amur

Marmorkarpfen, Gefleckter Silberkarpfen

Bachschmerle, Bartgrundel

Barbatula barbatula

Länge 8–14(20) cm; drehrunder, am Schwanzstiel etwas abgeflachter Körper; vollständig entwickelte Seitenlinie; unterständiges Maul mit 6 Barteln an der Oberlippe.

Winzige, dünne Rundschuppen, auf Rücken und Bauch meist fehlend; Schlundzähne einreihig 8–10; **Flossenformel** R 10–11, Br 11–13, B 7–9, A 8–9, S 15–19.

Lebensweise Rheophiler Bodenbewohner mäßig strömender, steiniger Bäche und kleiner Flüsse, daneben im Uferbereich klarer Staubecken und Seen; Friedfisch; Sandlaicher von Apr–Aug bei 12–20 °C Wt; 1700–28 000 Eier pro ♀; mit 1–2 Jahren ab 7–8 cm Länge geschlechtsreif; Höchstalter 8 Jahre.

Vorkommen M.- und O-EU über Asien bis zum pazifischen Ozean.

Bestand heute Weit verbreitet; besiedelt sogar ausgebaute Fließgewässer, sofern Versteckmöglichkeiten vorhanden sind. **RL**

Wissenswert! Nachtaktiv sucht die B. mit ihren Barteln tastend nach Insektenlarven, Krebstieren, Würmern und Algen. Die B. laicht nachts. Sie gibt ihre Eier gewöhnlich in 3 durch mehrwöchige Pausen getrennten Schüben ab. Die klebrigen Eier haften am Untergrund fest. Auf Sand fallende Eier binden sofort umliegende Sandteilchen zu einer Art Schutzmantel. Nach 4–16 Tagen schlüpfen die Larven, deren kurze Kiemenfäden unter den Kiemendeckeln verborgen bleiben.

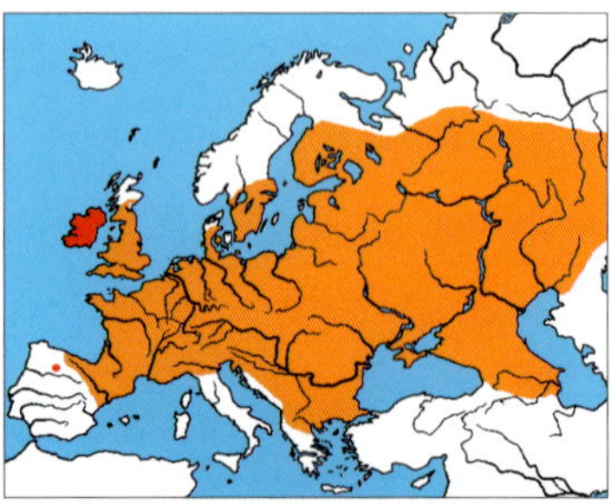

Angoraschmerle

Barbatula angorae

Länge 6–8(9) cm; lang gestreckter, vorn walzenförmiger, hinten seitlich etwas abgeflachter Körper; unterständiges Maul mit 6 Barteln an der Oberlippe, 4 vorn, 2 in den Mundwinkeln.

Winzige, dünne Rundschuppen; unvollständig entwickelte Seitenlinie; Schlundzähne einreihig, meist 8–8; **Flossenformel** R 8–11, Br 11–13, B 7–9, A 7–8, S 15–19.

Lebensweise Rheophiler Bewohner kleiner, flacher, sandiger und steiniger Bäche und Flüsse mit mäßiger Strömung, auch in klaren Seen; Friedfisch; Sandlaicher von Mai–Jul; mit 1 Jahr ab 5 cm Länge geschlechtsreif.

Vorkommen In einigen Fließgewässern und Seen Kleinasiens, im Einzugsbereich des südlichen Schwarzmeergebiets bis Transkaukasien und im vorderasiatischen Einzugsbereich des Mittelmeeres.

Bestand heute Keine aktuellen Informationen.

Wissenswert! Die A., von der man aufgrund ihrer Verbreitung in Klein- und Vorderasien annehmen kann, dass sie gegen höhere Wt recht unempfindlich ist, ernährt sich von Insektenlarven, Krebstieren, Würmern und Algen, die sie nachts vom Boden aufnimmt. Vorzugsweise besiedelt sie flache Rauschen bzw. dem Wellenschlag ausgesetzte Uferbereiche. Sie laicht ihre klebrigen Eier im flachen, fließenden Wasser ab, auf sandigem Untergrund zwischen Steinen, Kies und Pflanzen.

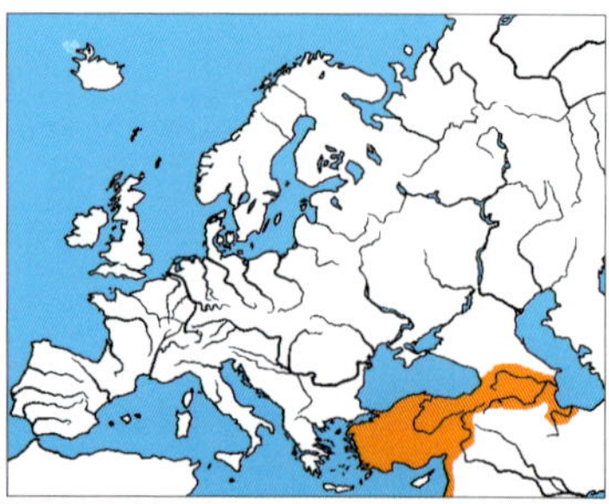

Angoraschmerle

Bachschmerle, Bartgrundel

Terekschmerle

Barbatula merga

Länge 6–8(10) cm; drehrunder, nur am Schwanzstiel etwas abgeflachter, niedriger Körper; unterständiges Maul mit 6 Barteln an der Oberlippe, 4 vorn, 2 in den Mundwinkeln.

Sehr kleine, dünne aber deutlich sichtbare Rundschuppen; Schlundzähne einreihig, meistens 8–8; Flanken hellbraun, unregelmäßige dunkle Flecken und Streifen auf der oberen Körperhälfte; **Flossenformel** R 8–11, Br 11–13, B 7–9, A 7–8, S 15–19.

Lebensweise Rheophiler Bodenbewohner unterschiedlicher Fließgewässer; Friedfisch; Fortpflanzungsbiologie kaum bekannt.

Vorkommen Fließgewässer in N-Kaukasien, im Einzugsgebiet der Flüsse Kuban, Kuma, Terek, Sulak und Samur.

Bestand heute Keine aktuellen Informationen.

Wissenswert! Man nimmt an, dass die T. in ihrer Lebensweise der Bachschmerle (⇨ S. 130) sehr ähnlich ist, also dass sie rheophil in kleinen, flachen, sandigen und steinigen Fließgewässern von mäßiger Strömung lebt, sich tagsüber verborgen hält und sich in der Dämmerung auf Nahrungssuche macht. Die T. ernährt sich von Insektenlarven, Krebstieren, Würmern und Algen. Sie steht in ihren Kennzeichen zwischen der Bachschmerle und der Angoraschmerle. Von letzterer unterscheidet sie sich dadurch, dass sie keinen zahnförmigen Vorsprung am Oberkiefer aufweist.

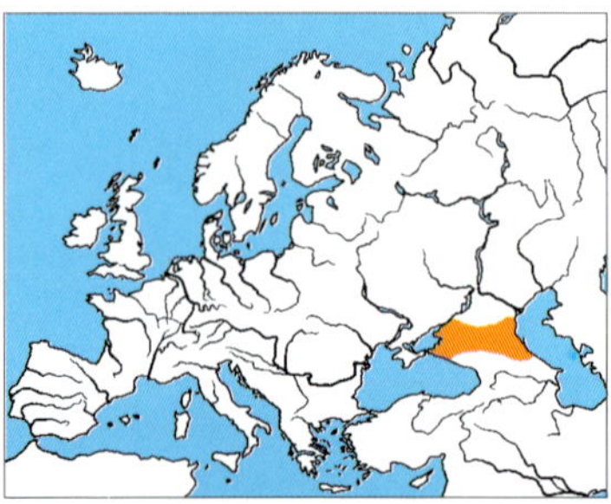

Schlammpeitzger

Misgurnus fossilis

Länge 20–25 (35) cm; drehrunder, nach hinten seitlich abgeflachter Körper; kleines, unterständiges Maul mit 10 Barteln; unvollständige Seitenlinie.

135–175 winzige, dünne Rundschuppen in einer Längsreihe; 6 Barteln an der Ober- und 4 an der Unterlippe; Schlundzähne einreihig 11–14; **Flossenformel** R 7–11, Br 9–12, B 7–8, A 8–10, S 14–16.

Lebensweise Limnophiler Bewohner schlammiger, nährstoffreicher, warmer und vorwiegend kleiner Gewässer (Weiher, Tümpel, Marsch- und Moorgräben, Wasserlöcher) und langsamer Fließgewässer mit ihren Alt- und Totarmen; Friedfisch; Pflanzenlaicher von Apr–Jul; 70 000–150 000 Eier pro ♀; mit 2–3 Jahren ab 12–20 cm Länge geschlechtsreif; Lebensdauer bis zu über 21 Jahre.

Vorkommen M.- und O-EU.

Bestand heute Durch Trockenlegung von Flussmarschen, Sümpfen und Mooren in weiten Gebieten zurückgegangen oder verschwunden. **RL§**

Wissenswert! Tagsüber meist im Schlamm verborgen, wird er in der Dämmerung lebhafter und sucht mit seinen Barteln tastend nach wirbellosen Tieren. Er laicht an seichten Stellen über Wasserpflanzen, an denen die klebrigen Eier haften. Der S. kann in sauerstoffarmen Gewässern leben, weil die Larven über äußere Fadenkiemen verfügen und die Tiere später zur Darmatmung geschluckter Luft befähigt sind.

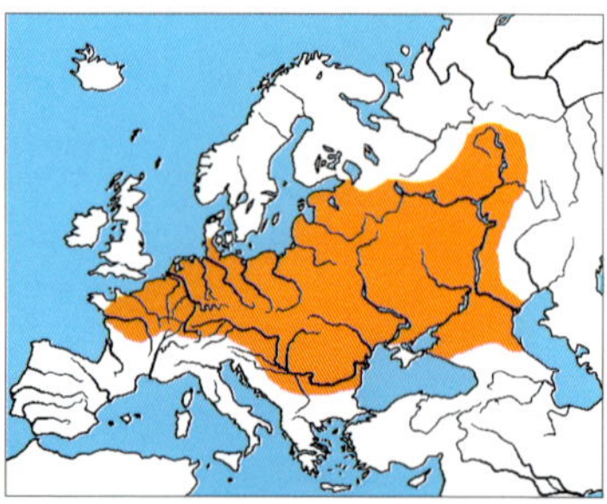

Schlammpeitzger

Terekschmerle

Steinbeißer, Dorngrundel

Cobitis taenia-Formenkreis

Länge 8–10(14) cm; lang gestreckter, seitlich stark abgeflachter Körper; unterständiges Maul; unter dem Auge sitzt in einer Hautfalte ein zweispitziger Dorn.

Winzige, dünne Rundschuppen; unvollständige Seitenlinie; 6 kurze Barteln an der Oberlippe; Schlundzähne einreihig 8–10; **Flossenformel** R 8–10, Br 7–9, B 6–9, A 7–8, S 14–16.

Lebensweise Indifferenter Bodenbewohner von sandigen Fließgewässern und Gräben mit geringer bis mittlerer Strömung sowie von Seen im sandigen Uferbereich; Friedfisch; Sandlaicher von Apr–Jun bei 14–18 °C Wt; 1000–1600 gelbliche Eier pro ♀; mit 1–2 Jahren ab 5–8 cm Länge geschlechtsreif; Höchstalter 10 Jahre.

Vorkommen EU, Asien, N-Afrika.

Bestand heute In unterschiedlicher Dichte weit verbreitet; besiedelt auch ausgebaute und schöpfwerksentwässerte Gewässer. **RL§**

Wissenswert! Tagsüber liegt der S. meist oberflächlich im Sand eingegraben, sodass nur der Kopf herausschaut. In der Dämmerung wird er lebhafter, nimmt wirbellose Tiere und Algen und mit diesen auch Sandkörner auf. Letztere werden ruckartig durch die Kiemen wieder ausgestoßen („Steinbeißer"). Gelaicht wird wahllos in Bodennähe. Wenn die klebrigen Eier auf Sandgrund fallen, binden sie Sandteilchen und sind so wirksam geschützt.

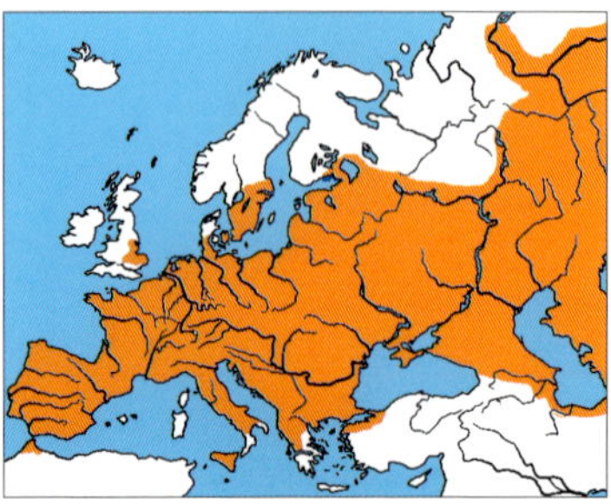

Balkansteinbeißer

Cobitis elongata

Länge 12–15(17) cm; sehr lang gestreckter, schmaler Körper; unterständiges Maul mit enger Mundspalte; unter dem Auge in einer Hautfalte ein zweispitziger Dorn.

Sehr kleine, dünne Rundschuppen, die breiter sind als lang; 6 kurze Barteln an der Oberlippe; Schlundzähne einreihig, meistens 8–8; Flanken mit großen, länglichen, dunkelbraunen Flecken (ca. 10–13), die durch eine schmale, dunkle Linie verbunden sind, am Ansatz der S ein schräg dreieckiger schwarzer Fleck auf Höhe der Flankenreihe; **Flossenformel** R 9–10, Br 7–9, B 6–9, A 8, S 13–16.

Lebensweise Rheophiler Bodenbewohner unterschiedlicher Fließgewässer; Friedfisch; Sand-Gesteinlaicher von Mai–Jun.

Vorkommen Fließgewässer im Einzugsbereich der Donau und der Save von Slowenien, Kroatien, Jugoslawien, Bosnien-Herzegowina bis SW-Rumänien. Die bis zu 25 cm (!) lange Unterart *C. e. bilseli* kommt im Beysehirsee in der S-Türkei vor.

Bestand heute In ihren Heimatgewässern stark zurückgegangen bzw. bereits verschwunden. **§**

Wissenswert! Der B. laicht an seichten, überströmten Uferstellen zwischen Steinen über Sand- und Kiesgrund. Er ernährt sich vom Algenbewuchs des Gewässerbodens mit den darin lebenden Bodentieren wie Würmern, Muscheln, Krebstieren und Insektenlarven.

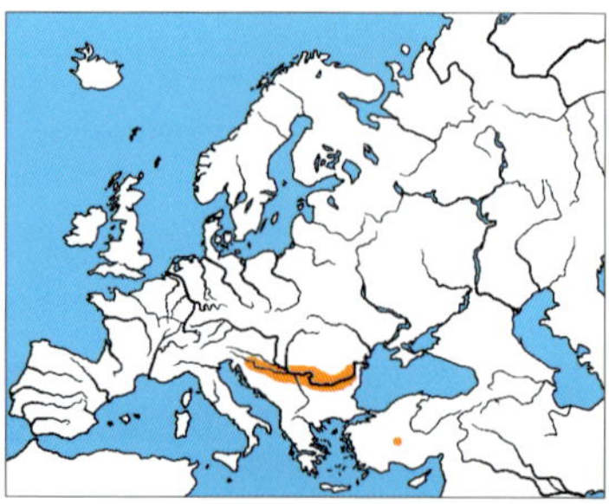

Balkansteinbeißer

Steinbeißer, Dorngrundel

Goldsteinbeißer

Sabanejewia balcanica

Länge 8–12(14) cm; lang gestreckter, schmaler Körper; unterständiges Maul; in einer Hautfalte genau unter der Augenmitte ein starker, zweispitziger Dorn.

170–200 winzige, dünne Rundschuppen entlang einer Längsreihe; 6 lange Barteln an der Oberlippe; Schlundzähne einreihig, meist 8–8; Körperseiten mit auffallendem Goldglanz; **Flossenformel** R 8–10, Br 7–9, B 6–9, A 7–9, S 11–13.

Lebensweise Rheophiler Bodenbewohner des kiesigen, tiefen Flussbetts mit starker Strömung; Friedfisch; Pflanzen-Gesteinlaicher von Apr–Jun.

Vorkommen Donau- und Dongebiet, einige Fließgewässer des Balkans und des Kaukasus, in den oberen Abschnitten von Weichsel, San und Njemen im Einzugsgebiet der Ostsee.

Bestand heute Das Verbreitungsgebiet des G. ist noch nicht vollständig bekannt; 1991 wurde er erstmals in Österreich festgestellt.

Wissenswert! Wegen seiner versteckten Lebensweise – tagsüber liegt er gewöhnlich bis zum Kopf in der Gewässersohle eingegraben – findet man den G. meist erst nach einiger Suche. Mit Eintritt der Dämmerung stellt der nachtaktive Fisch kleinen Tieren des Gewässergrunds nach. Seinen Laich setzt der G. wahllos zwischen Pflanzen, Kies und Geröll im fließenden Wasser, speziell in den Oberläufen der Bäche und Flüsse ab.

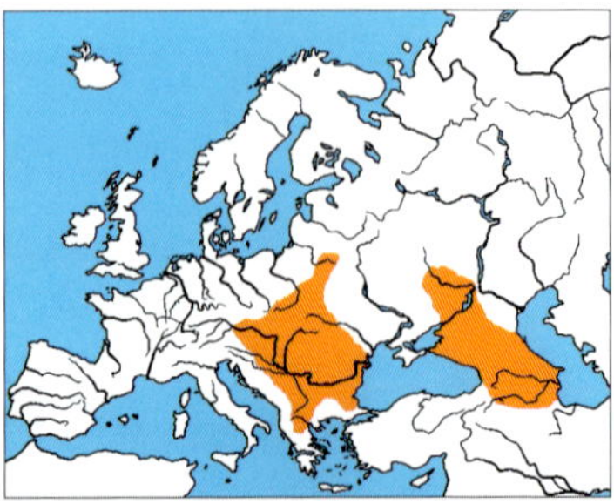

Kaspisteinbeißer

Cobitis caspia

Länge 4–5(7) cm; lang gestreckter, schmaler, seitlich stark abgeflachter Körper; unterständiges Maul; unter dem Auge ein zweispitziger Dorn, dessen vorderer Ast viel kürzer als der hintere ist.

Sehr kleine, dünne nur teilweise in die Haut eingebettete Rundschuppen; 6 lange Barteln an der Oberlippe; Schlundzähne einreihig, meist 8–8; dunkler Längsstreifen vom Auge bis zum Ansatz der S; am Ansatz der S 2 schwarze Flecken; **Flossenformel** R 7–9, Br 7–9, B 6–9, A 6–7, S 13–16.

Lebensweise Indifferenter Bodenbewohner sowohl des Süß- als auch des Brackwassers der Ästuare großer Fließgewässer; Friedfisch; Pflanzen-Gestein-Sandlaicher von Apr–Mai.

Vorkommen Mündungsgebiete der Zuflüsse des westlichen Kaspischen Meeres, z. B. Araxes, Kumbaschi, Lenkoran und Ural.

Bestand heute Keine aktuellen Informationen.

Wissenswert! Der K. laicht meist im Süßwasserbereich in langsam fließendem oder stehendem Wasser, manchmal aber auch in den Brackwassergebieten der Flussdeltas. Die klebrigen Eier werden wahllos auf dem Gewässerboden abgelegt und haften je nach Laichgewässer an Sand, Kies oder Pflanzen. Nachtaktiv sucht der K. mit seinen Barteln tastend den Gewässerboden nach Würmern, Krebstieren, Schnecken, Muscheln und Insektenlarven ab.

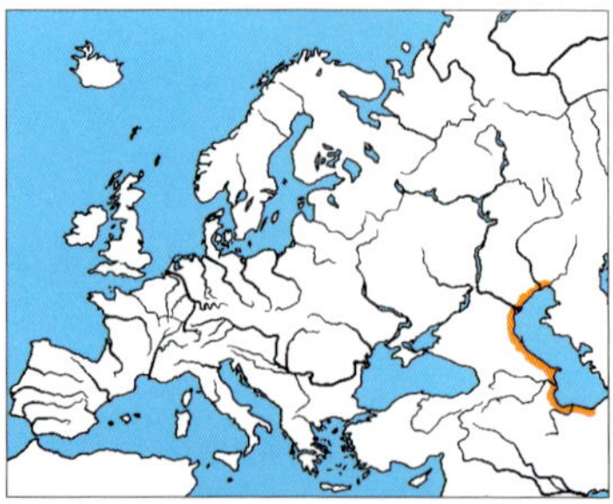

Kaspisteinbeißer

Goldsteinbeißer

Kaukasischer Steinbeißer

Cobitis caucasica

Länge 6–8(11) cm; lang gestreckter, schmaler, seitlich stark abgeflachter Körper; unterständiges Maul; Unter- und Oberseite des Schwanzstiels mit einem Fettkiel.

Deutliche, nur teilweise in die Haut eingebettete Rundschuppen; 6 lange Barteln an der Oberlippe; Schlundzähne einreihig, meist 8–8; unter dem Auge ein kräftiger, zweispitziger Dorn, dessen Äste kurz und annähernd gleich lang sind; ein goldfarbener Längsstreifen vom Kopf bis zur S; **Flossenformel** R 7–9, Br 7–9, B 6–9, A 7, S 13–16.

Lebensweise Rheophiler Bodenbewohner der Ober- und Mittelläufe von Fließgewässern; Friedfisch; Pflanzen-Gesteinlaicher von Mai–Jun.

Vorkommen In den Einzugsbereichen des Asowschen Meeres (Kubangebiet) und des Kaspischen Meeres (Kuma-, Terek- und Sulakgebiet).

Bestand heute Keine aktuellen Informationen.

Wissenswert! Der K. S. ernährt sich von Würmern, Krebschen, Insektenlarven und kleinen Weichtieren, z. B. Erbsenmuscheln, die er gewöhnlich auf Kiesgrund, seltener auf Sandgrund sucht. Er laicht zwischen Steinen, Kies und Wasserpflanzen an stark überströmten Uferstellen. Die klebrigen Eier haften am Untergrund fest. Zusätzlich zur Kiemenatmung ist der K. S., wie andere Steinbeißerarten auch, durch geschluckte Luft zur Darmatmung befähigt.

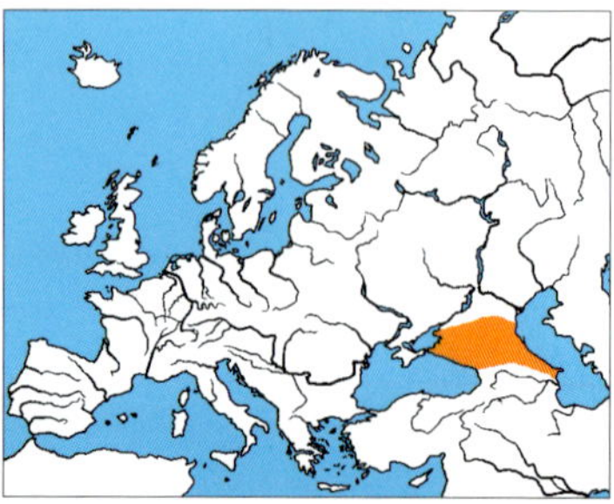

Italienischer Steinbeißer

Sabanejewia larvata

Länge: 5–8(9) cm; lang gestreckter, fast zylindrischer Körper; unterständiges Maul, Lippen schwarz pigmentiert; Schwanzstiel oben mit kräftigem, unten mit schwachem Fettkiel.

Sehr kleine, nur teilweise in die Haut eingebettete Schuppen; 6 sehr kurze Barteln an der Oberlippe; Schlundzähne einreihig, meist 6–6; ein zweispitziger Dorn unter dem Auge; Flanken mit einem gelben Längsband; **Flossenformel** R 8–9, Br 7–9, B 6–9, A 6–7, S 13–16.

Lebensweise Indifferenter Bodenbewohner fließender und stehender Gewässer mit sandigem und schlammigem Grund und reichem Pflanzenwuchs; Friedfisch; Pflanzen-Gestein-Sandlaicher von Apr–Jun; mit 2 Jahren geschlechtsreif.

Vorkommen N-Italien, im Flach- und Hügelland.

Bestand heute Lokal durch Gewässerzerstörung zurückgegangen, durch Besatz ins Flussgebiet des Tibers und in den Trasimenischen See verbreitet. §

Wissenswert! Der I. S. ernährt sich hauptsächlich von am Boden des Gewässers lebenden Würmern und Insektenlarven. Er laicht an seichten Uferstellen zwischen Pflanzen, Steinen, Kies und Sand. Die klebrigen Eier haften am Untergrund fest. Zusätzlich zur Kiemenatmung ist der I. S., genauso wie auch andere Steinbeißer-Arten, durch geschluckte Luft, die dann den Darm passiert, zur Darmatmung befähigt.

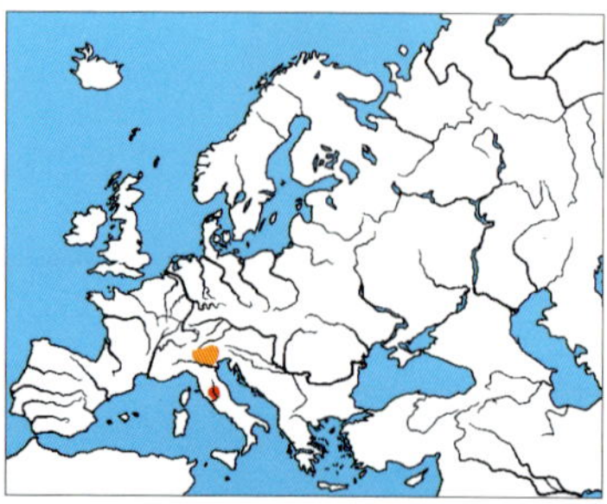

Italienischer Steinbeißer

Kaukasischer Steinbeißer

Rumänischer Steinbeißer

Sabanejewia romanica

Länge 8–10(12) cm; lang gestreckter, zylindrischer Körper; unterständiges Maul; ein kräftiger, zweispitziger Dorn unterhalb der hinteren Augenhälfte.

Beide Äste des Dorns fast gleich lang; 6 sehr kurze Barteln an der Oberlippe, die beiden hinteren reichen bis knapp unter den Augenvorderrand; Schlundzähne einreihig, meist 6–6; dünne schwarze Linie entlang der Flanke; Schwanzstiel oben und unten mit einem schwachen Fettkiel; **Flossenformel** R 9, Br 7–9, B 6–9, A 6–7, S 13–16.

Lebensweise Rheophiler Bodenbewohner rasch strömender Gewässer mit Sand- und Kiesgrund; Friedfisch; Pflanzen-Gesteinlaicher von Apr–Jun.

Vorkommen In den Ober- und Mittelläufen von einigen Nebenflüssen der Donau in Rumänien, z. B. in der Bratia, einem Nebenfluss des Arges.

Bestand heute Keine aktuellen Informationen.

Wissenswert! Dieser an starke Strömungen angepasste Bodenfisch hält sich tagsüber im Sand vergraben oder zwischen Steinen versteckt. Mit Eintritt der Dämmerung wird er lebhafter. Nachtaktiv sucht er mit seinen kurzen Barteln tastend nach am Boden lebenden Tieren. Hauptsächlich ernährt er sich von Würmern, kleinen Muscheln und Insektenlarven. Der R. S. laicht im flachen, fließenden Wasser. Das ♀ legt seine Eier auf dem Gewässergrund zwischen Steinen und Kies ab.

Zwergwels, Katzenwels

Ameiurus nebulosus

Länge 20–35(50) cm; schuppenlos; abgeplatteter Kopf mit kleinen Augen; großes, endständiges Maul mit kleinen Bürstenzähnen; Fettflosse.

4 lange Barteln an der Oberlippe bzw. hinter den Nasenlöchern, 4 kürzere an der Unterlippe; vollständig entwickelte Seitenlinie; **Flossenformel** R 7–8, Br 8–10, B 8, A 17–22, S 22–23.

Lebensweise Indifferenter Bodenbewohner warmer, langsam fließender und stehender Gewässer, selten im Brackwasser; Raubfisch; Nest-Pflanzenlaicher von Mär–Jul bei ca. 21 °C Wt; 2000–13 000 Eier pro ♀; Höchstalter 9 Jahre.

Vorkommen N-Amerika; seit 1885 in EU.

Bestand heute Eingebürgert und durch Besatz, entwichene Teich- und freigelassene Aquarienfische weiter verbreitet.

Wissenswert! In N-Amerika wird der auch sauerstoffarmes Milieu tolerierende Z. wegen seines wohlschmeckenden, grätenfreien, süßlichen Fleisches in Aquakultur gehalten und auch gern geangelt. Eine ähnliche Bedeutung erlangte er nur in S-EU. Wenngleich in Teichen gehalten, erreicht er in kühleren Regionen kaum 30 cm Länge. Der nachtaktive Z. besitzt ein breites Nahrungsspektrum und beißt auf jeden ausgelegten Köder der Fischer, ist aber aufgrund der geringen Größe meist nicht verwertbar. Der Z. laicht an Pflanzen in einer selbst gebauten Mulde. Beide Eltern bewachen die angeklebten Eier bis zum Schlupf der Larven nach 6–9 Tagen.

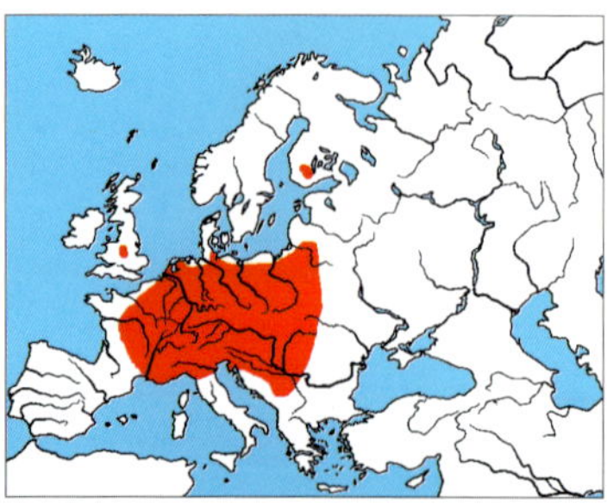

Zwergwels, Katzenwels

Rumänischer Steinbeißer

Aristoteleswels

Silurus aristotelis

Länge 1–1,5(2) m; lang gestreckter, schuppenloser, schleimiger Körper; abgeplatteter Kopf mit kleinen Augen; großes, endständiges Maul mit breiter Mundspalte; kleine Bürstenzähne.

2 lange Barteln auf der Oberlippe, 2 kürzere an der Unterlippe; vollständig entwickelte Seitenlinie; die S ist deutlich von der A getrennt; **Flossenformel** R 3, Br 15–18, B 9–10, A 67–76, S 17–19.

Lebensweise Indifferenter Bodenbewohner größerer, langsam fließender und stehender Gewässer mit weichem Untergrund; Raubfisch; NestPflanzenlaicher von Jun–Aug; 0,1–3 Mio. hell gelbe Eier pro ♀.

Vorkommen Griechenland, heimisch im Flussgebiet des Acheloos, eingebürgert im Wolwisee.

Bestand heute Stabil. §

Wissenswertes Als nachtaktiver Einzelgänger hält sich der A. tagsüber in seinen Schlupfwinkeln verborgen. Zum Laichen ziehen die Fische paarweise in seichtes Wasser. Die klebrigen Eier werden in eine vorher vom ♂ an dicht bewachsenen Uferstellen ausgehobene, flache, von einem niedrigen Wall aus Pflanzenteilen umgebene Mulde gelegt. Aus den Eiern schlüpfen nach 3–10 Tagen die ca. 7 mm langen Larven. Nachdem sie, mit Haftorganen unbeweglich an den Nestwandungen klebend, ihren großen Dottersack aufgebraucht haben, verlassen sie die vom ♂ bewachte Nestmulde.

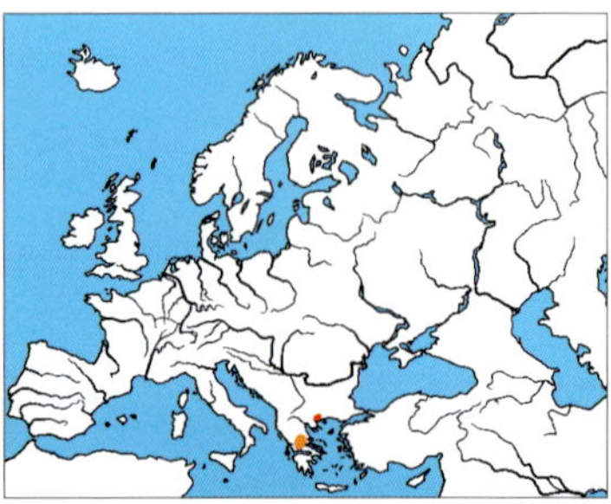

Wels, Waller

Silurus glanis

Länge 1–2(3) m; schuppenloser, schleimiger Körper; flacher Kopf mit kleinen Augen; großes, endständiges Maul mit breiter Mundspalte; kleine Bürstenzähne.

Oberlippe mit 2 sehr langen, Unterlippe mit 4 kürzeren Barteln; vollständig entwickelte Seitenlinie; **Flossenformel** R 3–5, Br 15–18, B 11–13, A 84–92, S 17–19.

Lebensweise Indifferenter Bodenbewohner größerer, langsam fließender und stehender Gewässer mit weichem Untergrund, begibt sich auch ins Brackwasser; Raubfisch; Nest-Pflanzenlaicher von Mai–Jul bei über 20 °C Wt; 0,1–4,5 Mio. Eier pro ♀; ♂ mit 2–5, ♀ mit 3–6 Jahren ab 60–70 cm Länge geschlechtsreif; Höchstalter 80 Jahre.

Vorkommen M.-, O- und SO-EU, Kleinasien.

Bestand heute Stabil, oft durch Besatz gestützt und weiter verbreitet, z. B. nach W- und S-EU. **RL**

Wissenswert! Tagsüber hält sich dieser nachtaktive Einzelgänger in seinen Schlupfwinkeln verborgen. Nachts oder bei Gewitter frisst er Tiere aller Art, die in sein großes Maul hineinpassen. Er orientiert sich weniger mit seinen kleinen Augen als vielmehr über seine Geruchs- und Tastempfindungen, auch kann er Schallwellen gut wahrnehmen, weil seine Schwimmblase über kleine Knochen mit dem Innenohr in Verbindung steht. Der W. laicht in einer vom ♂ ausgehobenen flachen Mulde.

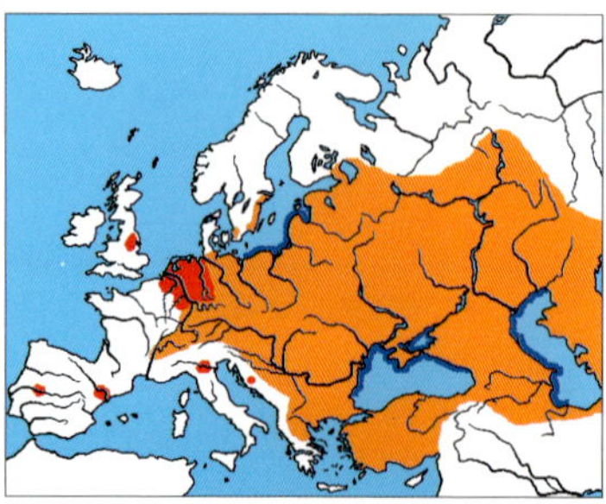

Wels, Waller

Aristoteleswels

Quappe, Trüsche, Rutte

Lota lota

Länge 30–60(120) cm; lang gestreckter Körper; winzig kleine Rundschuppen; breiter, flacher Kopf; großes, leicht unterständiges Maul mit breiter Mundspalte; feine Bürstenzähne.

1 lange Bartel am Kinn, 2 sehr kurze an den Nasenlöchern; unvollständige Seitenlinie; **Flossenformel** R_1 12–14, R_2 70–75, Br 18–20, B 5–6, A 65–70, S 36–40.

Lebensweise Indifferenter Bewohner stehender und fließender Gewässer, in Seen bis 200 m Tiefe, Flüsse vom Unterlauf bis in die Forellenregion, in schwach salzigen Ostseeteilen; Raubfisch; Freiwasser-Gesteinlaicher von Nov–Mär bei 0,5–4 °C Wt; 0,3–7 Mio. Eier pro ♀; ♂ mit 3, ♀ mit 4 Jahren ab 20–30 cm geschlechtsreif; Höchstalter 25 Jahre.

Vorkommen Nördliche Gebiete von EU, Asien und N-Amerika bis in 2000 m Höhe.

Bestand heute In einigen Fließgewässern stark reduziert oder verschollen, in Großbritannien ausgestorben; in Seen meist stabil. **RL**

Wissenswert! Die nacht- und winteraktive Q. bevorzugt kühles, klares Wasser. Bei Tage hält sie sich unter Steinen oder in sonstigen Schlupfwinkeln verborgen. In flachem Wasser laicht sie in Gruppen über sauberen Kiesbänken. Die Eier enthalten einen Öltropfen, der sie im Wasser schweben lässt. In Fließgewässern driften sie ab oder bleiben zwischen Kieselsteinen liegen.

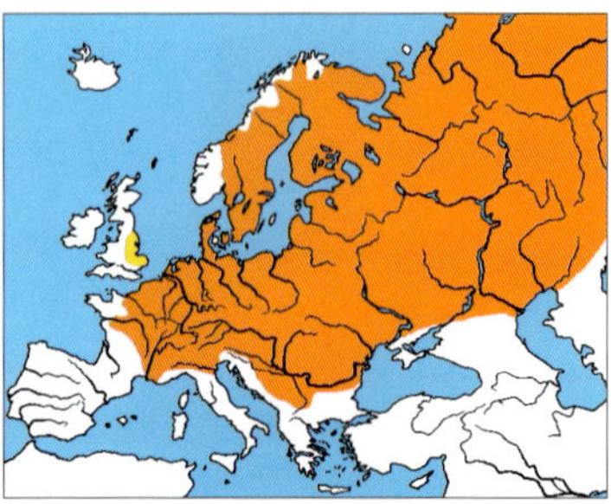

Valenciakärpfling

Valencia hispanica

Länge 5–7(8) cm; gedrungener, kräftiger, seitlich etwas abgeflachter Körper; kleine, schräg nach oben gerichtete Mundspalte; Kiefer mit kleinen, einspitzigen, kegelförmigen Zähnen.

29–32 große Rundschuppen in einer Längsreihe; keine Seitenlinie; **Flossenformel** R 10–11, Br 13–14, A 12–14.

Lebensweise Indifferenter Bewohner pflanzenreicher, langsam fließender und stehender Gewässer, Gräben und Tümpel, sowohl im Süß- als auch im Brackwasserbereich der Küstenregionen; Friedfisch; Pflanzenlaicher von Apr–Jul bei 20–24 °C Wt; 200–250 glasklare Eier pro ♀; am Ende des 1. Lebensjahrs geschlechtsreif; Höchstalter 4 Jahre.

Vorkommen Von O- bis S-Spanien.

Bestand heute Rückgang auf wenige Bereiche in der Umgebung von Valencia durch Trockenlegung von Wohngewässern, Wasserverschmutzung sowie mögliche Konkurrenz durch den eingebürgerten Koboldkärpfling (⇨ S. 148). **§**

Wissenswert! Der V. ist ein ausdauernder, anspruchsloser Oberflächenfisch, der Wt bis knapp unter 10 °C vertragen kann. Das ♀ legt seine Eier portionsweise in Gruppen von 15–20 Stück im Pflanzendickicht nahe der Wasseroberfläche ab. Die Eier kleben an den Pflanzen fest. Nach 12–14 Tagen schlüpfen die Larven. Als Nahrung dienen dem V. hauptsächlich Planktonkrebse und Insektenlarven.

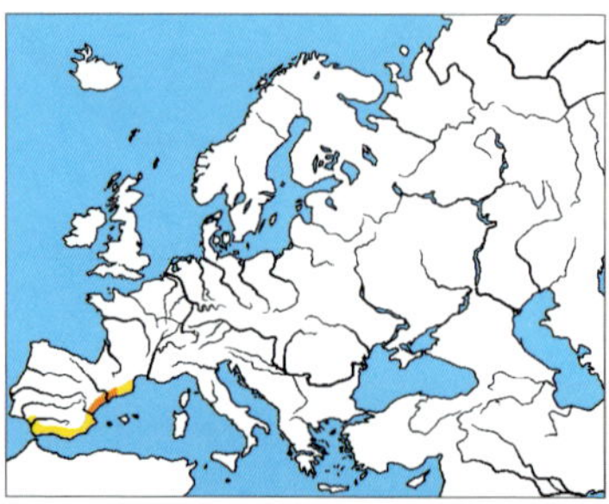

Valenciakärpfling ♂

Quappe, Trüsche, Rutte

Spanienkärpfling

Aphanius iberus

Länge 3–4(5) cm; gedrungener, seitlich nur wenig abgeflachter Körper; kleine, schräg nach oben gerichtete Mundspalte; Kiefer mit kleinen, dreispitzigen Zähnen besetzt.

23–28 große Rundschuppen in einer Längsreihe; keine Seitenlinie; **Flossenformel** R 9–11, Br 9–10, A 9–10.

Lebensweise Indifferenter Bewohner pflanzenreicher, langsam fließender und stehender Gewässer aller Art, Tümpel, Teiche, Gräben und Sümpfe, Lagunen, auch im Brackwasser bis 0,6 % Salzgehalt; Friedfisch; Pflanzenlaicher von Apr–Aug; ca. 200 Eier pro ♀; am Ende des 1. Lebensjahrs geschlechtsreif. Höchstalter 2 Jahre.

Vorkommen Westl. Mittelmeerraum von SW-Frankreich über Spanien und Marokko bis Algerien.

Bestand heute Lokal zurückgegangen, in SW-Frankreich verschollen. §

Wissenswert! Der S. ist sehr unempfindlich gegenüber Temperaturschwankungen und einem niedrigen Sauerstoffgehalt des Wassers. Er ernährt sich vor allem von Planktonkrebsen, Insektenlarven und -puppen. Nach lebhaftem Balzspiel werden die Eier an Wasserpflanzen abgelegt. Während der warmen Jahreszeit laicht der S. mehrmals, gibt aber jedes Mal nur wenige (etwa 10–30) Eier ab. Die Larven schlüpfen nach 4–8 Tagen. Im Anschluss an die Laichzeit reduziert sich der Elternbestand drastisch.

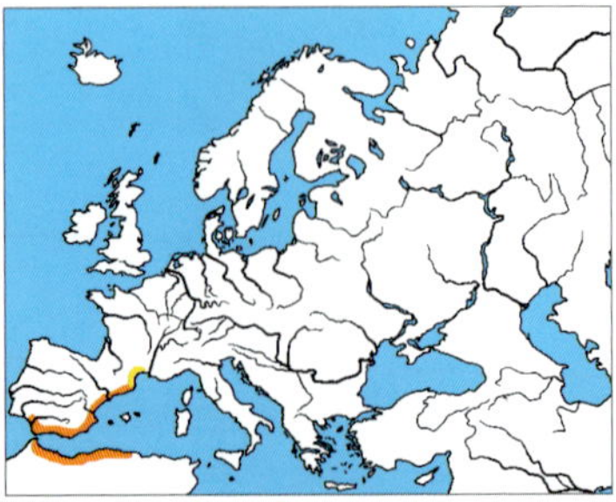

Zebrakärpfling

Aphanius fasciatus

Länge 4–6(7) cm; mäßig gestreckter, seitlich etwas abgeflachter Körper; kleine, schräg nach oben gerichtete Mundspalte; Kiefer mit kleinen, dreispitzigen Zähnen besetzt.

23–30 große Rundschuppen in einer Längsreihe; keine Seitenlinie; **Flossenformel** R 8–13, Br 14–15, A 9–12.

Lebensweise Indifferenter Bewohner langsam fließender und stehender Gewässer aller Art, Tümpel, Teiche, Gräben, Sümpfe sowie Meeresküsten und Lagunen; Friedfisch; Pflanzenlaicher von Apr–Sep bei rund 25 °C Wt; am Ende des 1. Lebensjahrs geschlechtsreif.

Vorkommen Mittelmeerraum von S-Frankreich bis Vorderasien einschließlich der Inseln; außerdem N-Afrika von Marokko bis Libyen.

Bestand heute Lokal zurückgegangen; in Spanien im Ebrodelta eingeführt. §

Wissenswert! Der Z. stellt nur geringe Ansprüche an sein Wohngewässer. Er schwimmt meist nahe der Wasseroberfläche. Während der warmen Jahreszeit ist er ein Dauerlaicher. Die Eier werden über feinen Pflanzenteilen und Algenrasen abgelegt. Ihre Hülle ist von langen Fäden umgeben, mit denen die absinkenden Eier an den Pflanzen hängen bleiben. Nach 4–5 Tagen schlüpfen die Larven. Ist ihr Dottersack nach weiteren 2–3 Tagen aufgezehrt, beginnen sie nach Nahrung, v. a. Planktonkrebsen, Insektenlarven und -puppen, zu schnappen.

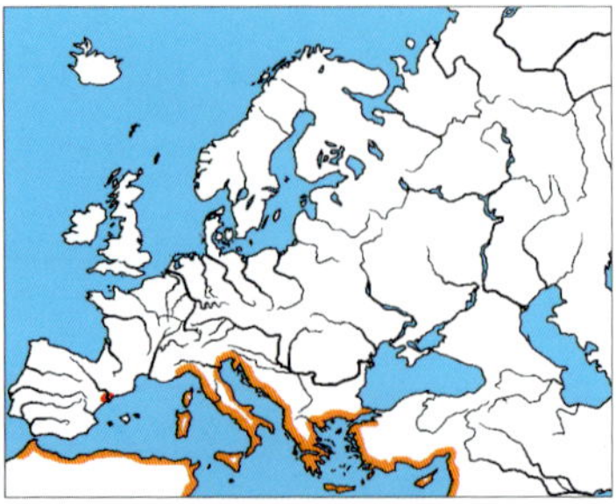

Zebrakärpfling ♂

Spanienkärpfling ♂

Koboldkärpfling

Gambusia affinis

Länge 3–5(6) cm; mäßig gestreckter Körper mit von oben abgeplattetem Kopf; langer Schwanzstiel; kleine, schräg nach oben gerichtete Mundspalte, diese fein bezahnt.

30–32 große Rundschuppen in einer Längsreihe; keine Seitenlinie; **Flossenformel** R 6–9, A 9.

Lebensweise Indifferenter Bewohner langsam fließender und stehender Gewässer, Seen, Gräben, Sümpfe und Lagunen, sowohl im Süß- als auch im Brackwasser; Friedfisch; lebend gebärend von Apr–Aug; mit 1 Jahr geschlechtsreif.

Vorkommen Südstaaten der USA; in S-EU seit 1921 eingeführt und eingebürgert.

Bestand heute Stabil und weit verbreitet.

Wissenswert! Der K. ist ein sehr anpassungsfähiger Fisch, der sowohl Wt um den Gefrierpunkt als auch von über 30 °C verträgt und an die Wasserqualität nur geringe Ansprüche stellt. Bei den ♂ ist der 3.–5. Flossenstrahl der A zu einem Begattungsorgan umgebildet. Etwa 30 Tage nach der Begattung bringt das ♀ 10–80 Junge zur Welt. Da das Sperma des ♂ in den Eileitern des ♀ aufbewahrt wird, können ohne erneute Begattung 3–5 Würfe pro Jahr erfolgen. Da sich der K. neben Planktonkrebsen und Algen vor allem von Insektenlarven und -puppen ernährt, wurde er weltweit überall, wo es das Klima zuließ, speziell zur Vertilgung der Malaria übertragenden Mücken eingeführt.

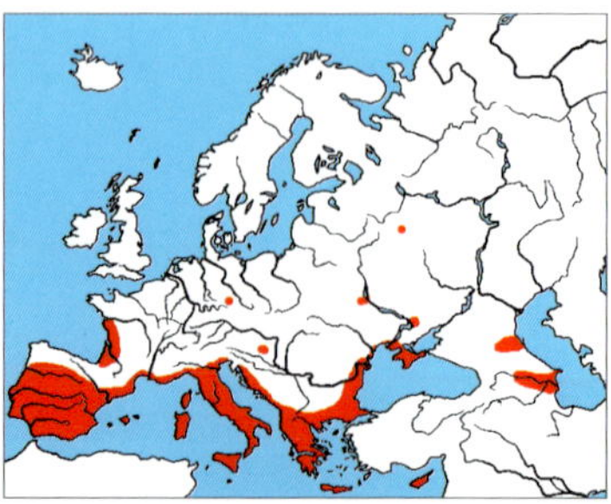

Kleiner Ährenfisch

Atherina boyeri

Länge 8–10(13) cm; schlanker, lang gestreckter Körper; weite, schräg nach oben gerichtete Mundspalte mit schwacher Bezahnung; spitze Schnauze; große Augen.

39–49 mittelgroße Rundschuppen in einer Längsreihe; undeutliche Seitenlinie; Flanken mit schmalem, silberfarbenem Längsband; **Flossenformel** R_1 7–8, R_2 12, A 12–16.

Lebensweise Indifferenter Bewohner flacher Küstengewässer, Flussmündungen und Süßwasserseen; Friedfisch; Pflanzenlaicher von Mär–Aug; ca. 300 Eier pro ♀; mit 1 Jahr ab 4–6 cm Länge geschlechtsreif; Höchstalter 4 Jahre.

Vorkommen In Küstengewässern und Zuflüssen des Mittelmeers sowie in einer Reihe von Seen, z. B. Albufera (Spanien), Hyères (S-Frankreich), Trasimeno (Italien), Trichonis (Griechenland); die Unterart *A. b. pontica* kommt im Bereich des Schwarzen und Kaspischen Meeres vor, sie wurde in den Aralsee eingesetzt.

Bestand heute Stabil; in einigen Seen Zentralitaliens eingeführt und eingebürgert.

Wissenswert! Der K.Ä. hält sich in kleinen Schwärmen meist dicht unter der Wasseroberfläche auf und zieht nur im Winter in größere Tiefen. Das Ablaichen geschieht mehrmals in zeitlichen Abständen in Ufernähe zwischen Pflanzen, und zwar im Süß- wie im Brack- und Meerwasser. Mit fadenförmigen Anhängen haften die Eier an Pflanzen.

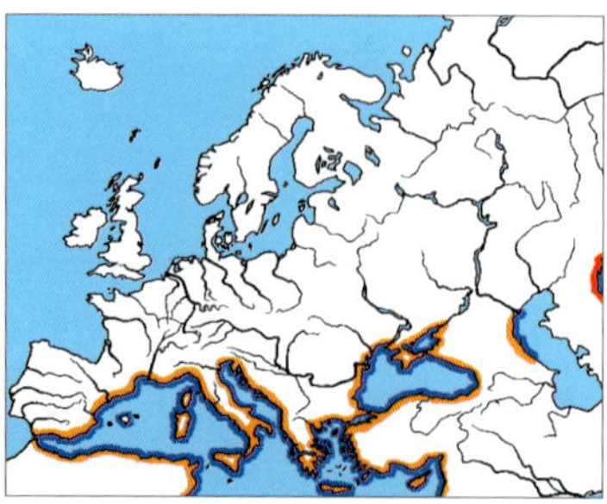

Kleiner Ährenfisch

Koboldkärpfling

Dreistachliger Stichling

Gasterosteus aculeatus

Länge 5–8(11) cm; schuppenloser Körper; vollständige Seitenlinie; spitzes, endständiges Maul; meist 3 einzeln stehende, bewegliche Stacheln.

Vollständige Seitenlinie; z. T. Knochenplatten; **Flossenformel** R_1 2–4 Stacheln, R_2 10–14, Br 9–10, B 2, A 8–10, S 12.

Lebensweise Indifferenter Bewohner von Küsten-, Brack- und Fließgewässern, Seen, Weihern, Gräben; Friedfisch; Nestlaicher von Mär–Jul; 50–450 Eier pro ♀; mit 1–2 Jahren ab 5–6 cm Länge geschlechtsreif; Höchstalter 4 Jahre.

Vorkommen Zirkumpolar in der kalten und gemäßigten Zone der nördlichen Erdhalbkugel, bis zu 700 km von der Küste entfernt.

Bestand heute Stabil, weiter verbreitet.

Wissenswert! Die anadrome Wanderform *G. a. trachurus* (29–33 Knochenplatten längs der gesamten Seitenlinie) zieht im Frühjahr von den Meeresküsten oft in riesigen Laichschwärmen die Flüsse hinauf ins Süßwasser. Die kleiner bleibende, stationäre Binnenform *G. a. leiurus* (ohne Knochenplatten auf den Seiten) hat keine Möglichkeit, die isolierten Süßgewässer zu verlassen.

In einer Sandmulde baut das ♂ im flachen Wasser ein tunnelartiges Nest aus Pflanzenfasern, die durch ein klebriges Nierensekret verfestigt werden. Hier hinein drängt es zur Eiablage ein oder auch nacheinander mehrere ♀ und bewacht das Gelege.

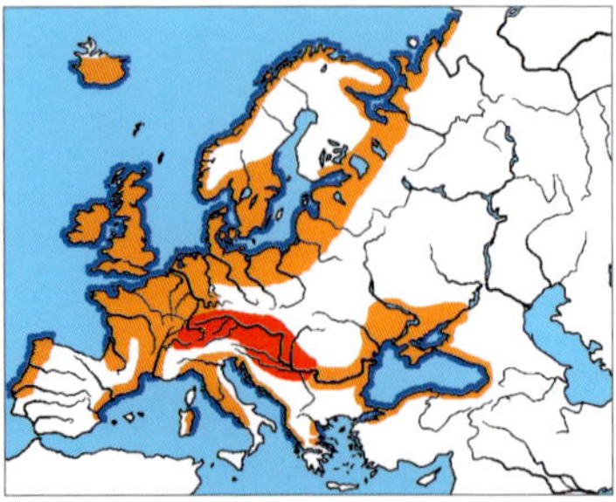

Ukrainischer Stichling

Pungitius platygaster

Länge 3–6(7) cm; mäßig gestreckter, schuppenloser Körper; endständiges Maul mit kleiner Mundspalte; 8–11 einzeln stehende, bewegliche Stacheln.

Dünne, kaum sichtbare Knochenplatten; vollständig entwickelte Seitenlinie; B mit je einem kräftigen, deutlich gesägten Stachel; **Flossenformel** R_1 7–12 Stacheln, R_2 9–12, Br 9–10, B 1–2, A 7–10, S 12–13.

Lebensweise Indifferenter Bewohner von pflanzenreichen Seen und Flüssen, von Gewässern in ihrem Überschwemmungsgebiet sowie von Brackgewässern; Friedfisch; Nestlaicher von Apr–Mai; 80–100 Eier pro ♀.

Vorkommen Nördliches Gebiet des Schwarzen, Asowschen und Kaspischen Meeres; in der Donau bis in die Save, im Bug bis Wosnesensk, in der Wolga, im Dnjepr und im Ural mit Schalkarsee sowie im Gebiet des Aralsees.

Bestand heute Keine aktuellen Informationen.

Wissenswert! Es werden zwei Formen unterschieden, eine mit 29–32 Knochenplatten längs der gesamten Seitenlinie, die andere mit 6–15 Knochenplatten nur auf dem Rumpf. Der U. S. frisst wirbellose Tiere wie Kleinkrebse und Insektenlarven. Zur Laichzeit baut das ♂ im flachen Wasser ein Nest. Dann drängt es ein oder nacheinander mehrere ♀ zur Eiablage hinein. Das ♂ betreut und bewacht das Gelege sowie nach dem Schlupf auch noch einige Zeit die Larven.

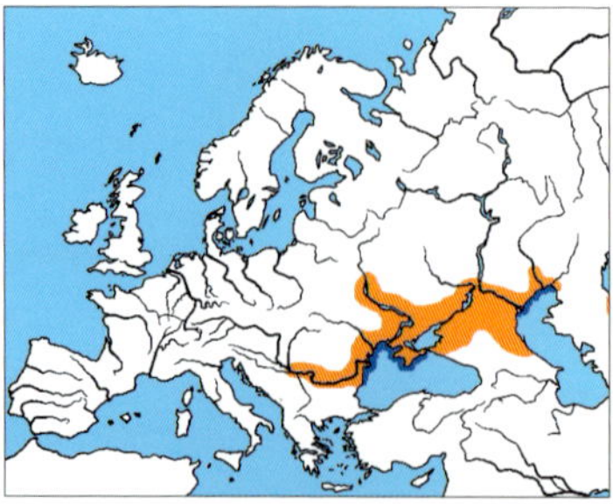

Ukrainischer Stichling

Dreistachliger Stichling ♂

Zwergstichling

Pungitius pungitius

Länge 5–7(9) cm; lang gestreckter, schuppenloser Körper; spitzes, endständiges Maul mit kleiner Mundspalte; meist 8–10 einzeln stehende, bewegliche Stacheln.

Kleine Knochenplatten auf dem Schwanzstiel; vollständige Seitenlinie; **Flossenformel** R_1 7–12 Stacheln, R_2 9–12, Br 9–10, B 2–4, A 9–14, S 12–13.

Lebensweise Indifferenter Bewohner fließender und stehender Gewässer, dringt auch in flache Brackwassergebiete vor; Friedfisch; Nestlaicher von Apr–Aug; ca. 80 Eier pro ♀; mit 1 Jahr ab 3–4 cm Länge geschlechtsreif; Höchstalter 3 Jahre.

Vorkommen Fast zirkumpolar in der kalten und gemäßigten Zone der nördlichen Erdhalbkugel, aber nicht sehr weit von der Küste entfernt.

Bestand heute Stabil, ins Donaugebiet verschleppt.

Wissenswert! Das ♂ baut im flachen Wasser ein tunnelartiges Nest aus Pflanzenfasern, das normalerweise zwischen Wasserpflanzen über dem Boden aufgehängt ist. Hier hinein drängt es ein oder nacheinander mehrere ♀ zur Eiablage. Das ♂ bewacht das Gelege und fächelt den Eiern mit den Brustflossen frisches Wasser zu. Pro Nest sind bis zu 700 Eier gezählt worden. Der Z. ist ein wirksamer Vertilger von Mückenlarven. Wo er in kleinen Fließgewässern dominant vorkommt, zeigt er deren Verödung an.

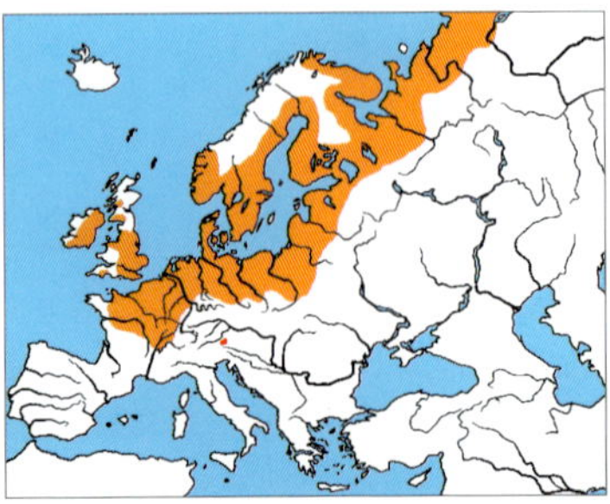

Flussbarsch, Barsch

Perca fluviatilis

Länge 20–35(50) cm; je nach Alter oder Wohngewässer mehr oder weniger hochrückiger Körper; großes, endständiges Maul; kleine Bürstenzähne.

58–67 Kammschuppen entlang der Seitenlinie; **Flossenformel** R_1 13–17, R_2 14–18, Br 14, B 6, A 10–12, S 17.

Lebensweise Indifferenter Bewohner fließender und stehender Gewässer, verträgt Brackwasser gut, meidet nur sehr schnelle Fließgewässer sowie mooriges und torfiges Wasser; Raubfisch; Pflanzen-Gesteinlaicher von Mär–Jun bei 7–15 °C Wt; 12 000–300 000 weißliche Eier pro ♀; ♂ mit 2–3 Jahren ab 9–10 cm, ♀ mit 3–4 Jahren ab 15–20 cm Länge geschlechtsreif; Höchstalter 28 Jahre.

Vorkommen Weit verbreitet in EU und Asien.

Bestand heute Zumeist in hoher Dichte; behauptet sich in vom Menschen veränderten Gewässern; durch Besatz und frei gelassene Köderfische weiter verbreitet.

Wissenswert! Das ♀ legt seine in Schleim eingebetteten Eier in bis zu 1 m langen, netzartigen Laichbändern an Wasserpflanzen, versunkenen Ästen und an Steinen im flachen Wasser ab. Während der Ablage besamen mehrere ♂ das Laichband. Aus den aufgequollenen, bis zu 3,5 mm großen Eiern schlüpfen nach 8–21 Tagen die 5–6 mm langen Larven. Der junge F. frisst wirbellose Kleintiere, der erwachsene hauptsächlich Fische, auch die der eigenen Art.

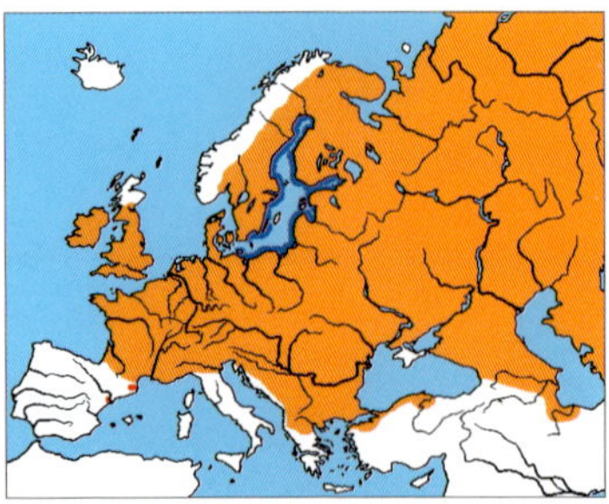

Zwergstichling

Flussbarsch, Barsch

Zander

Sander lucioperca

Länge 40–70(130) cm; lang gestreckter Körper; großes, endständiges Maul; kleine Bürstenzähne, dazwischen große Fangzähne.

80–95 kleine Kammschuppen entlang der Seitenlinie; **Flossenformel** R_1 13–15, R_2 20–25, Br 15, B 6, A 13–14, S 17.

Lebensweise Indifferenter Bewohner nährstoffreicher Seen, Flüsse und Kanäle, gelegentlich im Brackwasser; Raubfisch; Nest-Pflanzenlaicher von Apr–Jun bei 9–15 °C Wt; 0,1–2 Mio. Eier pro ♀; ♂ mit 2–4 Jahren ab 25–37 cm, ♀ mit 3–5 Jahren ab 30–44 cm Länge geschlechtsreif; Höchstalter 17 Jahre.

Vorkommen M.- und O-EU bis zum Aralgebiet, aber nicht allgegenwärtig.

Bestand heute Durch Eutrophierung zunehmend; durch Besatz weiter verbreitet, in der Teichwirtschaft von Bedeutung; behauptet sich in vom Menschen veränderten Gewässern.

Wissenswert! Die laichreifen Z. suchen paarweise hartgründige, 1–3 m tiefe Uferpartien auf. Mit Schwanzschlägen entfernen sie Detritus und Sand, sodass eine Laichgrube entsteht, über welcher das ♀ seine gesamten Eier auf einmal ablegt. Die klebrigen Eier haften, teils einzeln, teils in Klumpen, an Pflanzenteilen, Kies und Steinen. Das ♂ bewacht und säubert das Nest. Als Nahrung dienen dem im sommertrüben Freiwasser jagenden Z. kleine Fische, gern erbeutet er Stint und Ukelei.

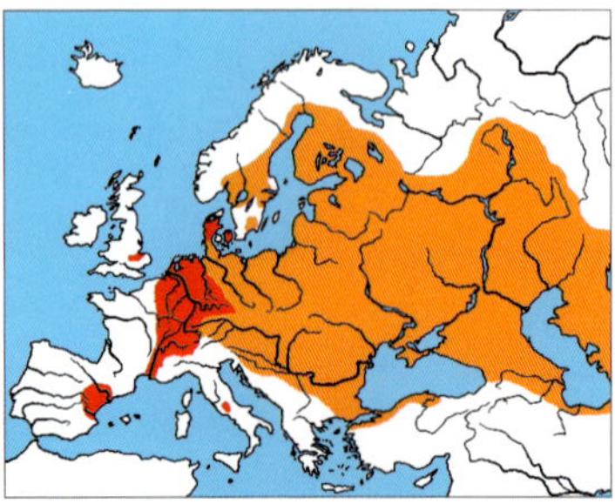

Wolgazander

Sander volgensis

Länge 25–40(45) cm; schlanker, lang gestreckter Körper; großes, endständiges Maul; kleine Bürstenzähne, Fangzähne beim Jungfisch nur verkümmert angelegt, beim Erwachsenen ganz fehlend.

70–83 Kammschuppen entlang der Seitenlinie; **Flossenformel** R_1 12–14, R_2 22–24, Br 15, B 6, A 11–12, S 17.

Lebensweise Indifferenter Bewohner größerer, warmer, ruhig fließender und stehender Gewässer mit hartem Grund und sommerlicher Trübung, selten in Brackwassergebieten; Raubfisch; Pflanzen-Steinlaicher von Apr–Mai bei 12–15 °C Wt; mit 3–4 Jahren ab 20–25 cm Länge geschlechtsreif; Höchstalter 11 Jahre.

Vorkommen Nördliche Zuflüsse zum Schwarzen, Asowschen und Kaspischen Meer, von der Donau, in der er vom Delta bis Österreich vorkommt, bis zum Don, im Plattensee, von der Wolga bis zum Ural.

Bestand heute Unterschiedlich, in einigen Gebieten ab-, in anderen zunehmend; kommt auch in vom Menschen veränderten Gewässern zurecht.

Wissenswert! Die laichreifen W. ziehen paarweise ins flache, ufernahe Wasser. Sie legen ihre klebrigen Eier auf hartem Untergrund zwischen Pflanzen und Steinen ab. Beim Schlüpfen sind die Larven 4–5 mm lang. Der W. ist viel weniger Raubfisch als der Zander. Neben kleinen Fischen ernährt er sich v. a. von großen wirbellosen Tieren.

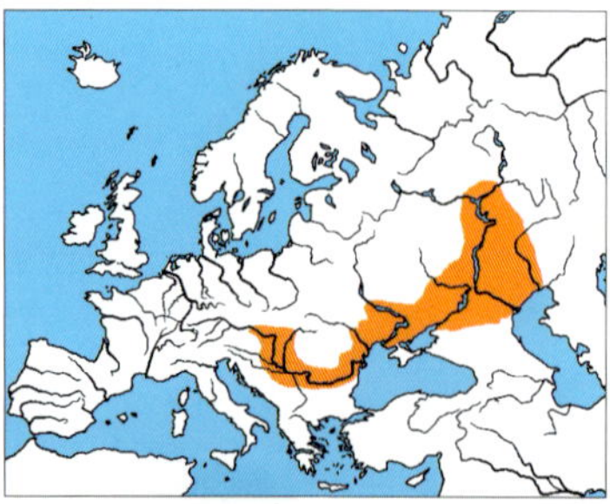

Wolgazander

Zander

Donaukaulbarsch

Gymnocephalus baloni

Länge 10–15(20) cm; gedrungener Körper; endständiges Maul, kleine Bürstenzähne; 4–6 dunkle, quer verlaufende, manchmal verschwommene Bänder an den Flanken.

34–39 Kammschuppen entlang der Seitenlinie; 2-stacheliger Kiemendeckel; tiefe Einbuchtung zwischen den beiden Hartstrahlen der A; **Flossenformel** R 25–27, Br 13, B 6, A 6–8, S 17.

Lebensweise Rheophiler Bewohner langsam fließender Flüsse; Friedfisch; Pflanzen-Steinlaicher von Apr–Mai; Lebensdauer bis zu 9 Jahre und mehr.

Vorkommen Ausschließlich im Donaugebiet, bei Vilshofen in Bayern, in Österreich, Ungarn, der Slowakei sowie im Donaudelta in Rumänien.

Bestand heute In der mittleren Donau gehört er zu den häufigeren Fischarten, die auch in großen Stauräumen gut zurecht kommt; faunistische Erhebungen vor dem Bau des Rhein-Main-Donau-Kanals, der seit 1992 zwei in ihrem Fischartenspektrum unterschiedliche Fließgewässereinzugsgebiete verbindet, erbrachten 1984 seinen Nachweis im deutschen Donauverlauf. **RL§**

Wissenswert! Lange Zeit als natürlicher Bastard von Flussbarsch und Kaulbarsch angesehen, wurde der D. erst 1974 als eigene Art beschrieben. Er laicht im flachen Wasser zwischen Steinen und Pflanzen. Zur Nahrungssuche verlässt er erst in der Dämmerung sein Versteck.

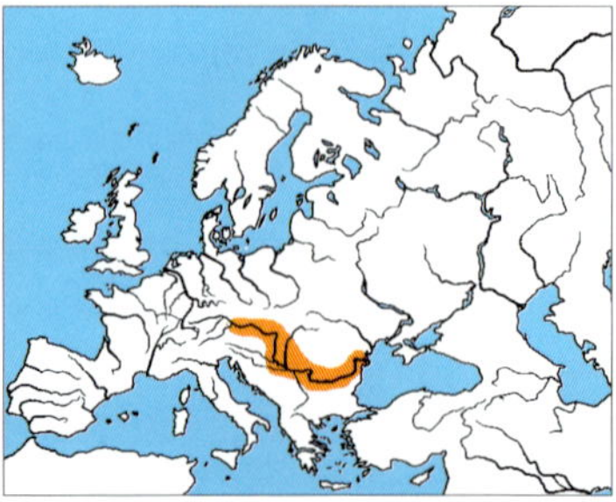

Donkaulbarsch

Gymnocephalus acerina

Länge 12–18(21) cm; lang gestreckter, niedriger Körper mit langem, spitz zulaufendem Kopf und breiter Stirn; endständiges Maul; kleine Bürstenzähne.

50–55 Kammschuppen entlang einer Längsreihe; unvollständige Seitenlinie; Vorkiemendeckel am Hinterrand gezähnt; **Flossenformel** R 29–33, Br 13–14, B 6–7, A 7–8, S 17.

Lebensweise Indifferenter Bewohner sowohl von Flussstrecken mit starker Strömung als auch von langsam fließenden und stehenden Gewässern; Friedfisch; Pflanzen-Steinlaicher von Apr–Mai; Lebensdauer bis zu 5 Jahre und mehr.

Vorkommen Im Einzugsgebiet des nördl. Schwarzen Meeres und des Asowschen Meeres, im Dnjepr, Dnjestr und Don, selten im Delta des Kuban.

Bestand heute Keine aktuellen Informationen.

Wissenswert! Der D. lebt bodenorientiert auf sandig-kiesigem Untergrund. Er ernährt sich von kleinen Krebstieren, Würmern, Insektenlarven, Weichtieren, seltener auch von kleinen Bodenfischen und zeitweise, wie fast alle Fischarten, von Fischlaich und -brut. Im Herbst formieren sich aus den herumstreifenden Gruppen große Verbände, die zum Überwintern in tiefere Gewässerteile schwimmen. Im darauf folgenden Frühjahr verlässt der D. das Winterlager und zieht zur Fortpflanzung in flaches Wasser, wo er zwischen Steinen und Pflanzen laicht.

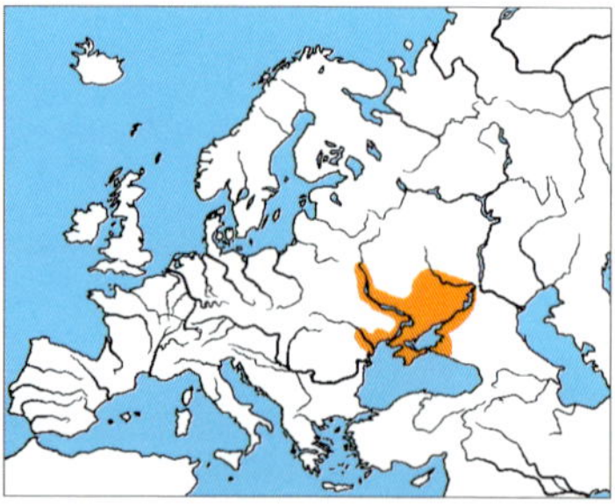

Donkaulbarsch

Donaukaulbarsch

Kaulbarsch

Gymnocephalus cernuus

Länge 12–15(25) cm; gedrungener, seitlich wenig abgeflachter Körper; endständiges Maul mit kleinen Bürstenzähnen.

35–40 Kammschuppen entlang der Seitenlinie; **Flossenformel** R 23–31, Br 13, B 6, A 7–9, S 17.

Lebensweise Indifferenter Bewohner von Flüssen (Kaulbarsch-Flunder-Region), Seen und Kanälen, gelegentlich im salzarmen Brackwasser; Friedfisch; Pflanzen-Steinlaicher von Mär–Mai bei 10–15 °C Wt; 4000–100 000 gelblich weiße Eier pro ♀; mit 1–2 Jahren ab 8–10 cm Länge geschlechtsreif; Höchstalter 11 Jahre.

Vorkommen Von England und NO-Frankreich, außerdem in der Saône und Rhône, über M.- nach O-EU bis zum Weißmeergebiet und Asien.

Bestand heute Weit verbreitet, behauptet sich in vom Menschen veränderten, künstlichen und eutrophen Gewässern ohne Unterwasserpflanzen.

Wissenswert! Der K. zieht zum Laichen oft in großen Schwärmen aus den Haffen und Seen in Zuflüsse, wo er flache, kiesig-sandige Uferstellen aufsucht. Die klebrigen, 0,5–1 mm großen Eier werden in dicht gedrängten Reihen an Steinen, seltener an Pflanzen abgelegt. Nach 8–12 Tagen schlüpfen die 3–4 mm langen Larven. Als Nahrung dienen dem Bodenfisch, der sich meist in Scharen an tieferen Stellen über Sandgrund aufhält, kleine Krebstiere, Würmer und Insektenlarven.

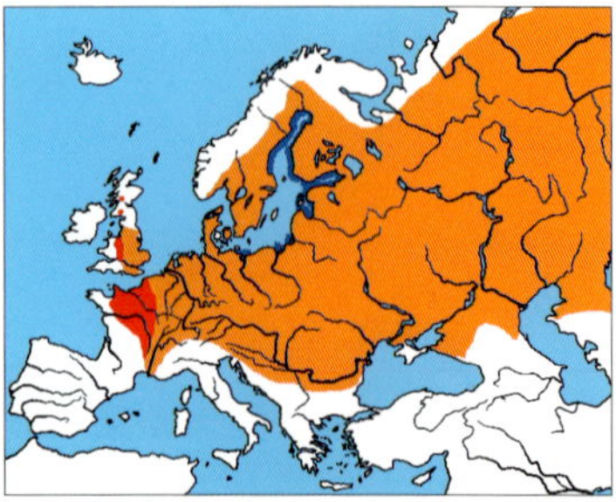

Schrätzer

Gymnocephalus schraetzer

Länge 15–20(30) cm; lang gestreckter, niedriger Körper; unvollständige Seitenlinie; endständiges Maul mit kleiner Mundspalte und kleinen Bürstenzähnen.

55–62 Kammschuppen entlang einer Längsreihe; **Flossenformel** R 29–33, Br 13–14, B 6, A 8–9, S 17.

Lebensweise Rheophiler Bewohner von tieferen Flüssen, gern auch in der Tiefe an den Einmündungen von Nebengewässern; Raubfisch; Pflanzen-Steinlaicher von Apr–Mai; 5000–8000 Eier pro ♀; Höchstalter 5 Jahre.

Vorkommen Donaugebiet und im Fluss Kamtschija in Bulgarien.

Bestand heute Streckenweise gehört der S. zu den häufigeren Fischarten der Donau, infolge von Wasserverschmutzung ist er jedoch aus einigen Abschnitten des Flusses und einigen Zuflüssen verschwunden. Mit Stauhaltungen kommt er gut zurecht, man findet ihn z. B. auch im Rhein-Main-Donau-Kanal. **RL§**

Wissenswert! Der S. lebt gesellig über Sand- und Kiesgrund. In der Dämmerung und nachts steigt seine Aktivität. Als Nahrung dienen ihm kleine Fische, seltener Krebstiere, Insektenlarven und Würmer. Die laichreifen Fische schwimmen kurze Strecken flussaufwärts und steigen auch in geeignete Nebenflüsse auf, um überströmte Kiesbänke aufzusuchen. Dort legen sie die klebrigen Eier in dicht gedrängten Reihen an Steinen und versunkenem Astwerk ab.

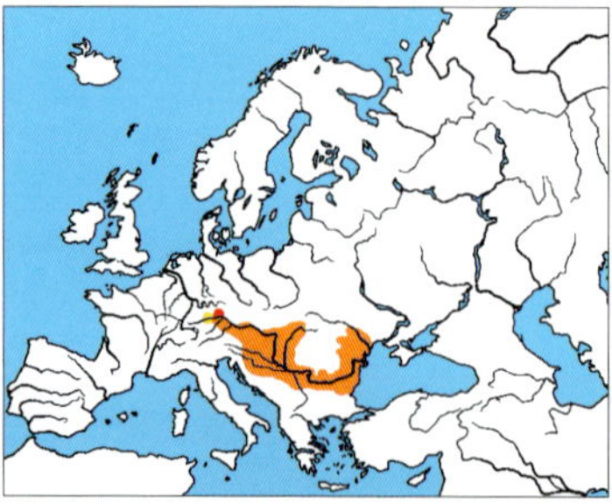

Schrätzer

Kaulbarsch

Rhônestreber, Apron

Zingel asper

Länge 15–20(22) cm; schlanker, spindelförmiger Körper; unvollständige Seitenlinie; unterständiges Maul.

70–80 Kammschuppen entlang einer Längsreihe; **Flossenformel** R_1 9–10, R_2 13, Br 14, B 6, A 10–13, S 17.

Lebensweise Rheophiler Bodenbewohner gut strukturierter Fließgewässer der Äschen- und Barbenregion; Friedfisch; Kiesgrubenlaicher von Feb–Apr; 5000–6000 klebrige Eier pro ♀; Lebensdauer bis zu 5 Jahre und mehr.

Vorkommen Rhônegebiet, weit verbreitet in der Rhône selbst und in den meisten Zuflüssen.

Bestand heute Die von ihm besiedelten Fließgewässerstrecken haben deutlich abgenommen, dort, wo er noch vorkommt (z. B. im Doubs in der Schweiz), sind die Bestandsdichten gering. Zu diesem Rückgang haben Fließgewässerausbau, künstliche Wasserstandsschwankungen und abnehmende Wasserqualität beigetragen. **§**

Wissenswert! Der R. laicht auf flach überströmten Kiesbänken. Die klebrigen Eier werden im Kieslückensystem versteckt. Die geschlüpften Larven ernähren sich von tierischem Plankton, bis sie nach rund 50 Tagen mit 2–2,5 cm Länge zum Bodenleben übergehen. Hier halten sie sich in Kiesmulden oder hinter Steinen verborgen auf. Erst bei Eintritt der Dämmerung beginnt der R. im Zickzack über den Boden zu huschen und nach kleinen Bodentieren zu suchen.

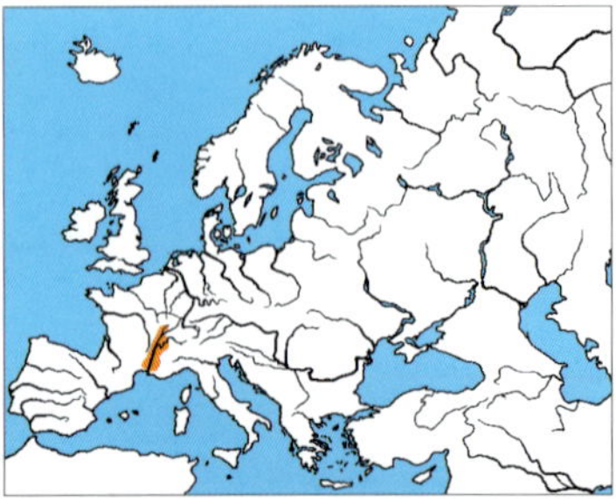

Streber

Zingel streber

Länge 12–18(22) cm; schlanker, spindelförmiger Körper mit langem, dünnem, drehrundem Schwanzstiel; unterständiges, mit kleinen Bürstenzähnen bezahntes Maul.

70–81 kleine Kammschuppen entlang der Seitenlinie; Schwimmblase gänzlich zurückgebildet; **Flossenformel** R_1 8–9, R_2 13–14, Br 14, B 6, A 11–13, S 17.

Lebensweise Rheophiler Bodenbewohner flacher, klarer, kiesgründiger Fließgewässer; Friedfisch; Kiesgrubenlaicher von Mär–Apr; wenige Tausend Eier pro ♀; Lebensdauer bis 5 Jahre und mehr.

Vorkommen Donaugebiet, Donau und Nebenflüsse von Baden-Württemberg bis zum Delta; außerdem Vardargebiet.

Bestand heute Schon immer als selten angegeben, ist der S. gebietsweise weitgehend oder völlig verschwunden. Obwohl er sich bei Flussverbauungen in den Faschinen des Ufers zu verstecken weiß, tragen Fließgewässerausbau, künstliche Wasserstandsschwankungen und abnehmende Wasserqualität zu seinem Rückgang bei. **RL§**

Wissenswert! Der S. liegt tagsüber, durch seine Färbung geschützt, in Gumpen hinter Kiesbänken zwischen Geröll. Nachts begibt er sich mit ruckartigen Schwimmbewegungen auf Nahrungssuche. Als Nahrung dienen ihm kleine Krebstiere, Würmer und Insektenlarven. Die klebrigen Eier werden in Lücken flach überströmter Kiesbänke versteckt.

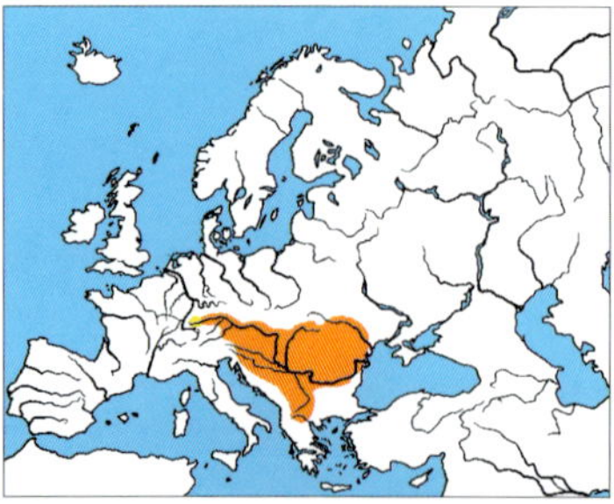

Streber

Rhônestreber, Apron

Zingel

Zingel zingel

Länge 20–30(50) cm; spindelförmiger, fast drehrunder Körper mit dünnem Schwanzstiel; unterständiges Maul mit kleinen Bürstenzähnen.

83–92 kleine Kammschuppen entlang der Seitenlinie; Schwimmblase weitgehend zurückgebildet; **Flossenformel** R_1 13–15, R_2 19–21, Br 14, B 6, A 11–13, S 21.

Lebensweise Rheophiler Bodenbewohner flacher, schnell fließender, stein- und kiesgründiger Gewässer; Friedfisch; Kiesgrubenlaicher von Mär–Apr; ca. 5000 Eier pro ♀; Lebensdauer bis zu 6 Jahre und mehr.

Vorkommen Sowohl in der Donau aufwärts bis Baden-Württemberg und in den Nebenflüssen als auch im Dnjestr mit Nebenflüssen.

Bestand heute Regional in seiner Dichte zunehmend, z. B. in der Donau bei Regensburg, allgemein in seiner Verbreitung jedoch abnehmend. Aus Donau-Zuflüssen verschwunden. Der Fließgewässerausbau trägt zu seinem Rückgang bei. **RL§**

Wissenswert! Der Z. lebt einsiedlerisch. Tagsüber liegt er, durch seine Färbung geschützt, am Ufer der Flüsse und Bäche unter Steinen und Holz versteckt. Nachts wird er lebhafter und hüpft unter Zuhilfenahme von Brust- und Schwanzflosse umher oder rutscht auf dem Bauch vorwärts. Seine Nahrung sucht der Z. wühlend im schlammigen oder sandigen Grund. Beim Laichen werden die Eier in die Lücken überströmter Kiesbänke gelegt.

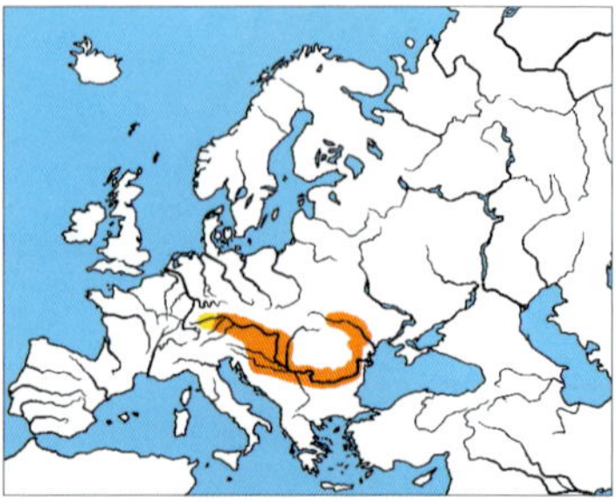

Perkarina

Percarina demidoffi

Länge 6–9(10); gestreckter, etwas hochrückiger, seitlich abgeflachter Körper; endständiges Maul, große Mundspalte, die bis unter die Mitte des Auges reicht; kleine Bürstenzähne.

33–37 Kammschuppen entlang der Seitenlinie; Kiemendeckel mit breitem Dorn; Körper durchscheinend, milchig weiß bis gelblich; **Flossenformel** R_1 9–11, R_2 12–16, A 10–13.

Lebensweise Indifferenter Bewohner sowohl des Süß- als auch des Brackwassers bis 0,7 % Salzgehalt; Friedfisch; Pflanzen-Gesteinlaicher von Jun–Aug; bis zu 3000 Eier pro ♀; mit 1 Jahr geschlechtsreif; Lebensdauer 3–4 Jahre.

Vorkommen Im Brackwasser der Mündungsgebiete von Dnjestr, Bug und Dnjepr im nördlichen Schwarzen Meer, von wo aus die Art auch ins Süßwasser eindringt, z. B. in den Unterlauf des Bug. Die Unterart *P. d. maeotica* lebt im NO und O des Asowschen Meeres. Sie kommt häufig im Golf von Taganrog vor.

Bestand heute Keine aktuellen Informationen.

Wissenswert! Dieser Schwarmfisch hält sich meist in Bodennähe auf. Die Eiablage erfolgt sowohl im Süß- wie auch im Brackwasser. Bei einer Wt von 24–25 °C schlüpfen die Larven nach 2 Tagen. Als Nahrung dienen der P. Bodentiere aller Art. Die P. selbst ist ein wichtiger Nahrungsfisch für die in denselben Gewässern lebenden Zanderarten.

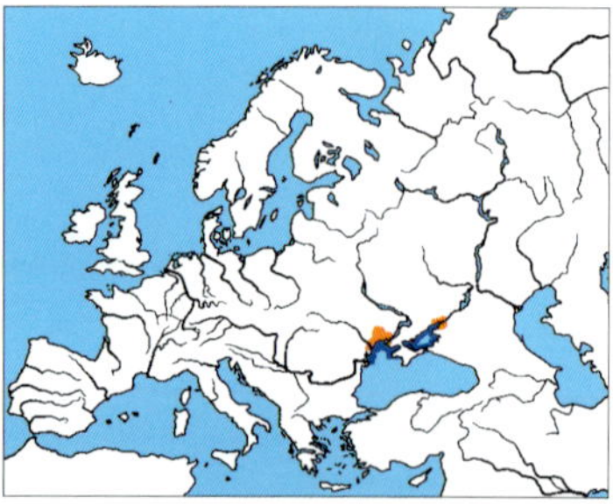

Zingel

Perkarina

Groppenbarsch

Romanichthys valsanicola

Länge 8–10(13) cm; niedriger, im Vorderteil rundlicher, hinten seitlich abgeflachter Körper mit großem, breitem Kopf; unterständiges Maul mit kleiner Mundspalte.

58–67 mittelgroße Kammschuppen entlang der Seitenlinie; Kiemendeckel mit breitem Dorn; **Flossenformel** R_1 9, R_2 16–17, A 8.

Lebensweise Rheophiler Bewohner schnell fließender Gebirgsgewässer der Forellen- und Äschenregion; lebt hier zusammen mit der in ihrem Körperbau sehr ähnlichen Groppe unter Steinen im scharf fließenden Wasser; Friedfisch, seine Nahrung besteht aus Insektenlarven; Höhlenlaicher; 120–150 Eier pro ♀.

Vorkommen Gebirgsbäche und -flüsse der Karpaten im Einzugsgebiet der Donau, so im Oberlauf des Arges und seiner Zuflüsse Argesul, Vilsan und Riul Doamnei in Rumänien.

Bestand heute Stabil nur noch im Oberlauf des Vilsans, sonst in seinem kleinen Verbreitungsgebiet schon weitgehend zum Verschwinden gebracht. **§**

Wissenswert! Diese Fischart wurde erst 1957 entdeckt und war bereits 1971 nahezu ausgestorben. Der Bau eines Dammes, die forstwirtschaftliche Entwaldung entlang der Flussläufe, Straßenbau, Wasserverschmutzung mit Herbiziden und zunehmende landwirtschaftliche Aktivitäten stören das biologische Gleichgewicht, sodass sich der G. nicht mehr erhalten konnte.

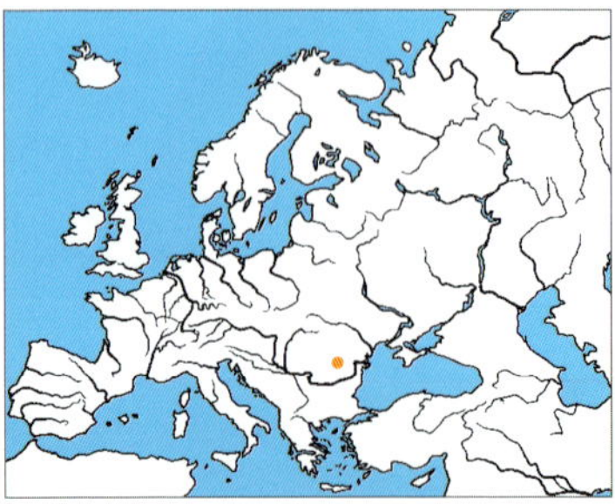

Sonnenbarsch

Lepomis gibbosus

Länge 15–20(40) cm; hochrückiger, seitlich stark abgeflachter Körper; kleines Maul mit kleinen Bürstenzähnen; kleiner roter Fleck auf der Kiemendeckelspitze.

35–47 mittelgroße Kammschuppen entlang der Seitenlinie; **Flossenformel** R 19–22, Br 11–14, B 6, A 11–15, S 19.

Lebensweise Limnophiler Bewohner wärmerer stehender und langsam fließender Gewässer, bevorzugt Seen und Weiher mit dichtem Pflanzenwuchs und sucht in Flüssen die pflanzenreichen Buchten des Ufers oder Altwässer auf; in Ästuaren bis 1,8 % Salzgehalt; Friedfisch; Nestlaicher von Apr–Aug bei ungefähr 20 °C Wt; 600–5000 durchsichtige Eier pro ♀; mit 2–3 Jahren geschlechtsreif; Höchstalter 9 Jahre.

Vorkommen N-Amerika; 1887 in EU eingeführt und in weiten Teilen von W-, M.- und O-EU eingebürgert.

Bestand heute Durch freigelassene Aquarienfische oder aus Teichanlagen entflohene Tiere weiter verbreitet, so in Portugal, Spanien und Griechenland neu eingeführt.

Wissenswert! Das ♂ baut in sehr flachem Wasser eine Laichmulde, in die das ♀ seine Eier ablegt. Aus den 1 mm großen Eiern schlüpfen nach 2–5 Tagen die Larven, die nach max. 11 Tagen das Nest verlassen. Das ♂ bewacht das Nest und verjagt dabei selbst größere Fische. Nach dem Fortschwimmen der Brut nutzt es dasselbe Nest, um mit demselben oder einem anderen ♀ erneut zu laichen. Neben wirbellosen Tieren ernährt sich der S. gelegentlich von kleinen Fischen.

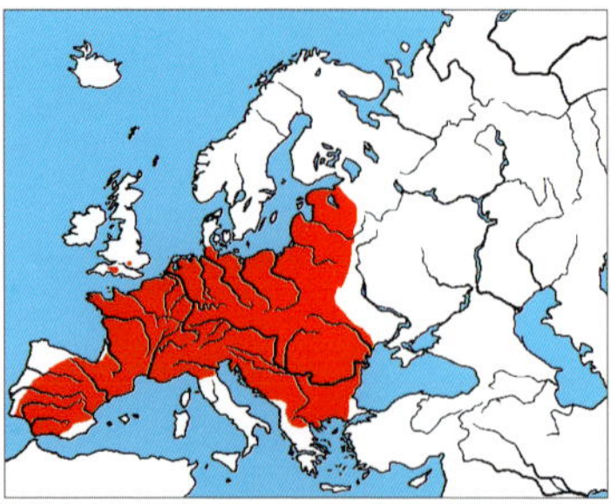

Groppenbarsch

Sonnenbarsch

Forellenbarsch

Micropterus salmoides

Länge 40–60(97) cm; gestreckter, seitlich abgeflachter Körper mit großem Kopf; großes Maul mit vorstehendem Unterkiefer und kleinen Bürstenzähnen.

58–67 große Kammschuppen entlang der Seitenlinie; **Flossenformel** R_1 9–10, R_2 13–14, Br 14–16, B 6–7, A 13–15, S 18.

Lebensweise Indifferenter Bewohner der warmen, oberen Wasserschichten pflanzenreicher Seen und kleiner bis großer, langsam fließender Gewässer; Raubfisch; Nest-Pflanzenlaicher von Mär–Jul bei 16–18 °C Wt; 700–11 500 gelbliche Eier pro ♀; ♂ mit 3–4, ♀ mit 4–5 Jahren geschlechtsreif; Höchstalter 15 Jahre.

Vorkommen N-Amerika; 1883 in EU eingeführt und in einigen Voralpenseen sowie im Abrausee nordwestlich des Kaukasus eingebürgert.

Bestand heute In einigen Voralpenseen (Po-, Rhein- und Donaugebiet) in zumeist kleinen, aber stabilen Beständen; in 2 Gewässern in S-England sowie in Portugal und Spanien eingebürgert.

Wissenswert! Im Frühjahr kommt der F. gern in flaches Wasser, das sich rascher erwärmt. Hier baut das ♂ eine meist 60–90 cm große Laichmulde, in die das ♀ die klebrigen Eier ablegt. Nach 3–5 Tagen schlüpfen die Larven. Bis diese ihren Dottersack aufgezehrt haben, bewacht das ♂ das Nest. Als Nahrung dienen zunächst wirbellose Tiere, mit zunehmendem Alter hauptsächlich kleine Fische.

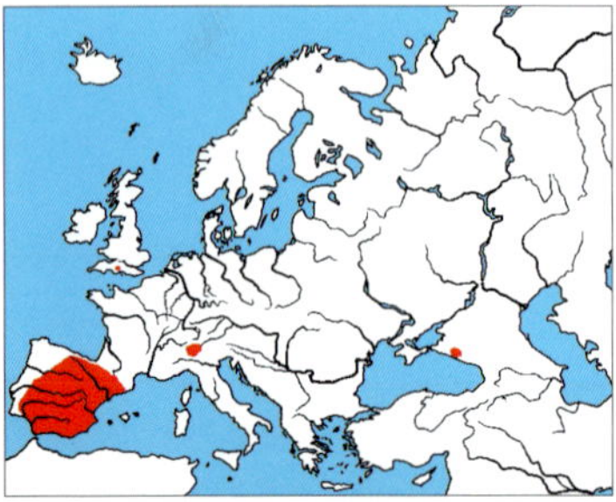

Chanchito

Cichlasoma facetum

Länge 10–15(30) cm; hochrückiger, seitlich abgeflachter Körper mit relativ kurzem Kopf und steilem Nackenprofil; kleine, endständige Mundspalte; 1 Paar Nasenlöcher.

26–28 Kammschuppen in einer Längsreihe; **Flossenformel** R 24–28, A 13–17.

Lebensweise Indifferenter Bewohner warmer stehender und langsam fließender Gewässer, in denen er ruhige, pflanzenreiche Uferstellen bevorzugt; Friedfisch; Stein-Pflanzenlaicher von Jun–Aug bei über 28 °C Wt; 300–1000 Eier pro ♀; mit 1–2 Jahren geschlechtsreif; Höchstalter 10 Jahre.

Vorkommen S-Amerika; seit 1894 in EU als Aquarienfisch eingeführt, die ersten Lieferungen 1943 nach Portugal stammten aus Argentinien.

Bestand heute Durch freigelassene Aquarienfische oder aus Teichanlagen entflohene Tiere in S-Portugal in den Flussgebieten des Sado, Mira und im Guadiana bis S-Spanien eingebürgert.

Wissenswert! Die Buntbarsche sind in tropischen Gewässern mit zahlreichen Arten weit verbreitet. Der C. wurde als einziger in EU eingebürgert, wohl weil er gegen niedrige Wassertemperaturen sehr widerstandsfähig ist. Bei Aquarianern ist er als „starker Wühler und Raufbold“ bekannt. So verteidigt das ♂ seinen Standplatz aggressiv gegen Nebenbuhler. Nach der Balz bauen ♂ und ♀ gemeinsam eine flache Laichgrube an einer seichten Uferstelle. Beide Eltern bewachen und betreuen das Gelege.

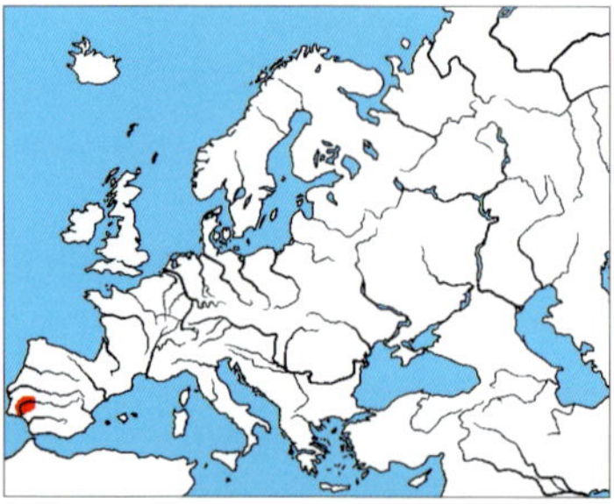

Chanchito

Forellenbarsch

Süßwasser-Schleimfisch

Salaria fluviatilis

Länge 8–10(15) cm; lang gestreckter, seitlich abgeflachter Körper mit nackter, schleimiger Haut; kleines, endständiges Maul mit kräftigen Zähnen, Eckzähne groß und gekrümmt.

Kurze, verzweigte Hautfäden über den Augen; Färbung je nach Aufenthaltsort und Stimmung des Tiers verschieden; kehlständige B; **Flossenformel** R 27–34, B 3–4, A 17–22.

Lebensweise Indifferenter Bewohner vor allem klarer, langsam fließender Bäche, aber auch von Seen und Kanälen mit Kies- und Steingrund; Fried- und Raubfisch; Höhlenlaicher von Apr–Jun bei ca. 20 °C Wt; 200–1200 Eier pro ♀; am Ende des 1. Lebensjahrs geschlechtsreif; Lebensdauer 1 bis 3 Jahre.

Vorkommen Mittelmeergebiet, von der Iberischen Halbinsel bis Klein- und Vorderasien, Marokko und Algerien.

Bestand heute U. a. in Griechenland stabil, in Spanien und Italien durch Kiesabbau und Wasserverschmutzung vom Aussterben bedroht.

Wissenswert! Die Jungtiere leben meist gesellig, die Erwachsenen jedoch einzeln in ihrem Revier, wo sie sich unter Steinen oder leeren Muschelschalen ihre Wohnhöhlen bauen. Das ♀ klebt seine etwa 1 mm großen Eier an die Decke der Höhle eines ♂, welches das Gelege bewacht und betreut. Als Nahrung dienen dem S. kleine Bodentiere, v. a. Krebse, Insektenlarven und kleine Fische.

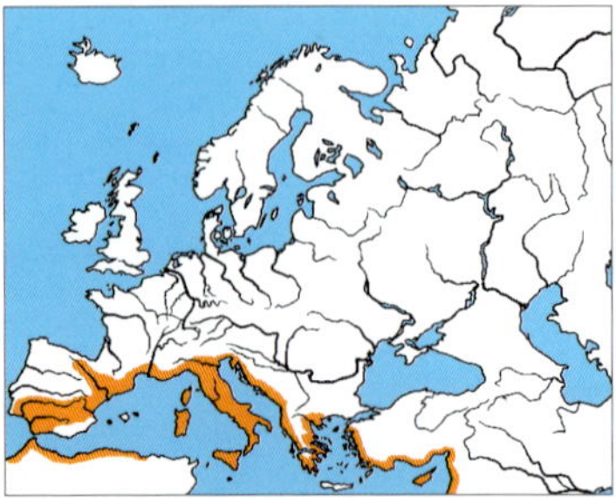

Stern-Kaulquappengrundel

Benthophilus stellatus

Länge 8–12(14) cm; kaulquappenähnlicher, schuppenloser Körper mit großem, stark abgeflachtem Kopf; weite, bis zum Augenvorderrand reichende Mundspalte.

Unterkiefer vorstehend, mit einer kleinen Bartel am Kinn; große, schräg nach oben gerichtete Augen; Flanken mit mehreren Reihen stark entwickelter Knochenplatten, die mit spitzen Schildchen über die Haut hinausragen; sehr große Knochenplatten auf den Wangen; 2 weit getrennte R, B zu einer schwachen Saugscheibe vereinigt; **Flossenformel** R_1 3–4, R_2 8–9, Br 15–17, B 6, A 8–9.

Lebensweise Indifferenter Bodenbewohner weichgründiger Flussstrecken und ausgedehnter Brackwassergebiete bis 1,2 % Salzgehalt mit Sand- oder Schillgrund; Friedfisch; Höhlenlaicher von Mai–Jun; 700–2500 Eier pro ♀; Höchstalter 1 Jahr.

Vorkommen Küstengewässer des Schwarzen, Asowschen und Kaspischen Meeres; Flüsse und Ästuare, z. B. Donau bis zur Alt-Mündung, Dnjestr, Bug, Dnjepr und Don bis in den Donez.

Bestand heute Stabil.

Wissenswert! In den Flüssen bevorzugt die S. Schlammgebiete, im Brackwasser findet sie sich auf Sandboden. Als Nahrung dienen ihr kleine Bodentiere, v. a. Muscheln, Krebse, Insektenlarven und Würmer. Nach dem Laichen sterben alle Erwachsenen, sodass man ab Jul nur noch Jungfische antrifft.

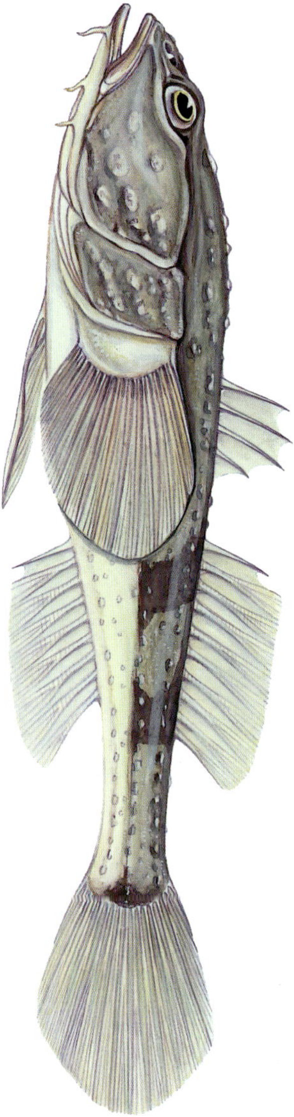

Stern-Kaulquappengrundel

Süßwasser-Schleimfisch

Kaspigrundel

Caspiosoma caspium

Länge 3–4(5) cm; lang gestreckter, spindelförmiger Körper mit langem, abgeflachtem Kopf; endständiges Maul; enge Mundspalte; langer, niedriger Schwanzstiel; S abgerundet.

Keine Schuppen; vorstehende, schräg nach oben gerichtete Augen; keine Schwimmblase; lange B zu einer schwachen Saugscheibe vereinigt; **Flossenformel** R_1 5–7, R_2 12–14, B 6, A 9–11.

Lebensweise Indifferenter Bodenbewohner der Unterläufe großer Flüsse, der Flussmündungsbereiche und flacher Küstengewässer bis 1 % Salzgehalt; Friedfisch; Höhlenlaicher in leeren Muschelschalen von Mai–Aug; etwa 20 große Eier pro ♀; Höchstalter vermutlich nur 1 Jahr.

Vorkommen Nördliches Schwarzes Meer in Haffen und in den Unterläufen von Dnjepr und Bug, Asowsches Meer (im Dondelta recht häufig) und nördl. Kaspisches Meer (im Wolgadelta häufig).

Bestand heute Stabil.

Wissenswert! Die K. lebt auf von Muschelschalen durchsetztem, schlammigem Sandboden. Im Brackwasser ernährt sie sich hauptsächlich von Kleinkrebsen, im Süßwasser vor allem von Insektenlarven, z. B. Zuckmückenlarven. Da ihre B, wie bei anderen Grundelarten auch, zu einer Saugscheibe verwachsen sind, kann sich die K. am Untergrund festsaugen. Die geringe Eizahl pro ♀ lässt eine intensive Brutpflege vermuten.

Flussgrundel

Neogobius fluviatilis

Länge 15–18(20) cm; mäßig gestreckter Körper; leicht abgeflachter Kopf; weite Mundspalte, dünne Lippen; ♂ zur Laichzeit schwarz.

52–65 Kammschuppen in einer Längsreihe; B zu einer schwachen Saugscheibe vereinigt; **Flossenformel** R_1 6–7, R_2 15–18, Br 16–19, B 6, A 13–17.

Lebensweise Indifferenter Bodenbewohner großer Flüsse, ihrer Mündungsbereiche und Brackwasserbuchten, sowie von Seen; Friedfisch; Höhlenlaicher von Apr–Sep bei ungefähr 18–25 °C Wt; 1000–1500 Eier pro ♀; mit 1–2 Jahren ab 5–12 cm Länge geschlechtsreif; Höchstalter 4 Jahre.

Vorkommen Küstenregion des Schwarzen, Asowschen, Marmara- und Kaspischen Meeres und in deren Zuflüssen bis zu 1000 km weit stromauf, z. B. Donau, Dnjestr, Bug, Dnjepr, Don mit Donez, Kuban, Wolga und Ural, außerdem im Plattensee.

Bestand heute Stabil in teilweise hoher Dichte.

Wissenswert! Da der F. eine Schwimmblase fehlt, bewegt sie sich auf dem bevorzugten sandigen Untergrund rutschend oder ruckartig fort. Zur Laichzeit sucht sich das ♂ einen Stein aus, den es mit seinen kräftigen Br unterhöhlt. Ein oder mehrere ♀ heften ihre Eier mit Klebefäden an die Unterseite des Steins. Die Laichablage kann sich so lange hinziehen, dass sich bei der letzten Eiablage bereits geschlüpfte Larven in der Höhle befinden.

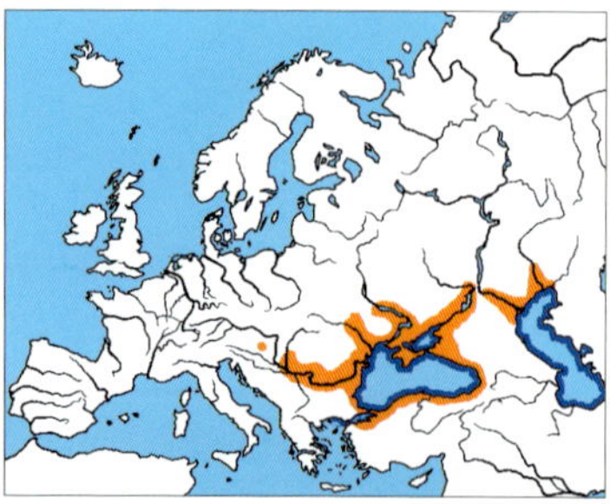

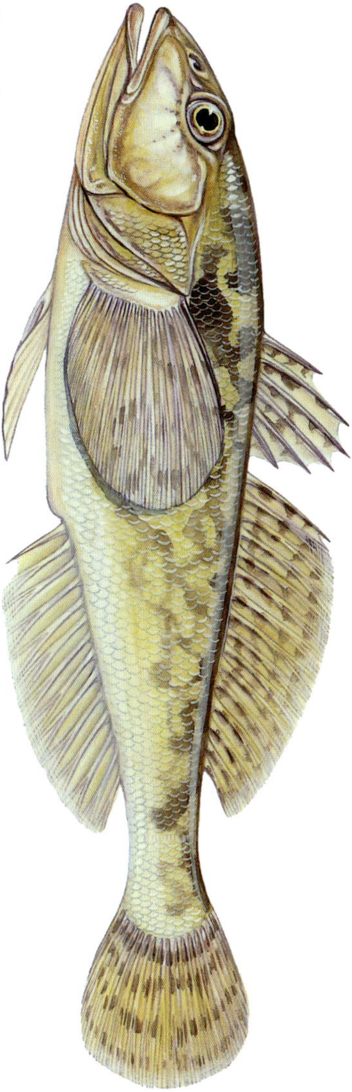

Flussgrundel

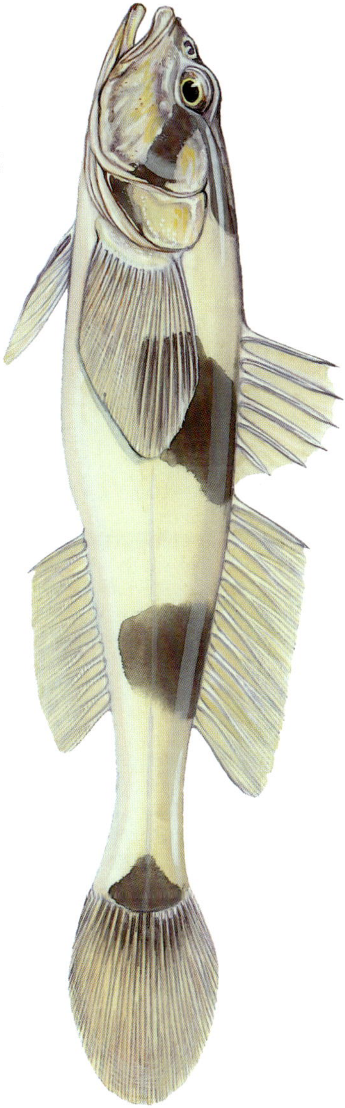

Kaspigrundel

Nackthalsgrundel

Neogobius gymnotrachelus

Länge 12–15(17) cm; langer Kopf, kaum breiter als hoch; stumpfe Schnauze mit fleischigen Lippen; Schwanzstiel viel länger als hoch.

54–65 Kammschuppen in einer Längsreihe; Oberkopf, Nacken, Kiemendeckel, Kehle und Ansatz der Br unbeschuppt; B zu einer schwachen Saugscheibe vereinigt; **Flossenformel** R_1 5–7, R_2 16–19, Br 16–18, B 6, A 13–17.

Lebensweise Indifferenter Bodenbewohner von Flüssen und einigen Seen in deren Einzugsgebieten sowie vorwiegend flacher Brackwasserregionen der Küsten; Friedfisch; Höhlenlaicher von Mai–Jun; ca. 1500 Eier pro ♀; mit 2 Jahren geschlechtsreif, Höchstalter 5 Jahre.

Vorkommen Zuflüsse und Küstenregion des westlichen und nördlichen Schwarzen Meeres, in der Donau bis Bukarest, im Dnjestr, Bug, Dnjepr, des Asowschen Meeres, Don, Donez und Rion, und im Kaspischen Meer sowie in einigen Seen, z. B. im Palestromsee bei Poti in Georgien.

Bestand heute Expansiv, über die Donau bis Österreich, über Djnepr und Kanäle bis Polen vorgedrungen.

Wissenswert! Die N. kann sich, wie andere Grundelarten auch, mittels ihrer zu einer Saugscheibe trichterartig verwachsenen B am Untergrund festsaugen. Das ♂ bereitet unter Muschelschalen oder Steinen einen Laichplatz vor und bewacht dann die ca. 2 mm großen Eier. Als Nahrung dienen Kleinkrebse, Wasserinsekten und Würmer, daneben kleine Fische und Weichtiere.

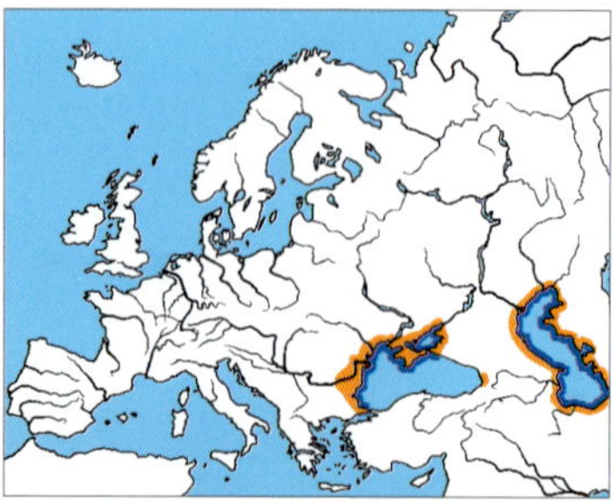

Kesslergrundel

Neogobius kessleri

Länge 15–20(22) cm; niedriger, lang gestreckter Körper mit breitem, abgeflachtem Kopf; endständiges Maul mit vorstehendem Unterkiefer und schwacher Bezahnung.

64–76 Kammschuppen in einer Längsreihe; Kopfoberseite und 1/3 der Kiemendeckel beschuppt; **Flossenformel** R_1 5–7, R_2 17–20, Br 18–21, B 6, A 14–17.

Lebensweise Indifferenter Bodenbewohner von Süß- und Brackwassergebieten sowie Lagunen; Fried- und Raubfisch; Höhlenlaicher von Mär–Mai; 1500–2000 Eier pro ♀.

Vorkommen Im Brackwasser der Küstenregion des Schwarzen und Kaspischen Meeres, von dort in die Flussunterläufe (etwa von Donau, Dnjestr, Bug, Dnjepr und Wolga) aufsteigend oder aber in diesen beständig vertreten; in Seen z. B. im Brates- und Kagulsee.

Bestand heute Stabil, z. T. in hohen Dichten.

Wissenswert! Die K. lebt auf steinigem Untergrund oder in Pflanzendickichten. Sie ernährt sich vor allem von Kleinkrebsen und kleinen Fischen. Das ♂ besetzt ein Revier, das es gegen Eindringlinge verteidigt. Zur Laichzeit bereitet es unter Steinen oder leeren Muschelschalen einen Laichplatz vor. Die Eier kleben im Hohlraum unter den Steinen bzw. Muschelschalen. Das Gelege und die frisch geschlüpften Larven werden vom ♂ bewacht. Mit seinen Br fächelt es den Eiern frisches Wasser zu.

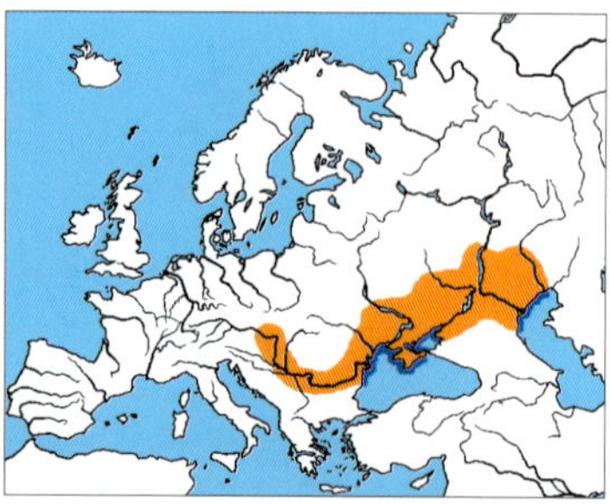

Kesslergrundel

Nackthalsgrundel

Schwarzmundgrundel

Neogobius melanostomus

Länge 15–18(25) cm; gedrungener Körper; langer, hoher Kopf; weite, fast waagrechte Mundspalte; ♂ zur Laichzeit schwarz.

45–57 Kammschuppen in einer Längsreihe; Nacken, Rücken, Ansatz der Br, oberes 1/4 der Kiemendeckel, Kehle und Bauch beschuppt; **Flossenformel** R_1 5–7, R_2 14–17, Br 17–20, B 6, A 12–15.

Lebensweise Indifferenter Bodenbewohner der küstennahen Brackwassergebiete und der Unterläufe großer Zuflüsse, auch in ausgedehnten Seen; Fried- und Raubfisch; Höhlenlaicher von Apr–Sep; 300–5500 ovale Eier pro ♀; ♂ mit 3–4, ♀ mit 2–3 Jahren ab 7–13 cm Länge geschlechtsreif; Höchstalter 4 Jahre.

Vorkommen Küstenbereiche des Schwarzen, Asowschen, Marmara- und Kaspischen Meeres und deren Zuflüsse (Donau, Dnjestr, Dnjepr, Bug, Sinope, Don bis Rostow, Donez, Flüsse in Transkaukasien).

Bestand heute Eingeführt im Aralsee, mit Ballastwasser auch in der Ostsee und den großen Seen N-Amerikas, expansives Vordringen über Donau, Rhein, Elbe und Kanäle; z. T. hohe Dichten.

Wissenswert! Die S. lebt über grobem Kies-, Schill- und Sandgrund. Das ♂ baut eine Höhle unter festen Gegenständen, an die das ♀ seine Eier heftet. Während der Laichzeit kann mehrmals abgelaicht werden. Das ♂ bewacht das Gelege und verteidigt sein Revier. Nach der Laichzeit sterben die ♂.

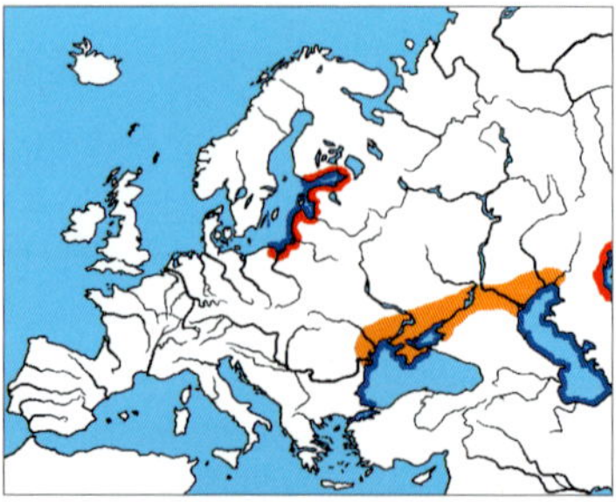

Italienische Grundel

Padogobius nigricans

Länge 5–6(8) cm; gestreckter, schlanker Körper; langer, hoher Kopf; stumpfe Schnauze, enge Mundspalte; beide R voneinander getrennt und niedriger als die Körperhöhe.

40–45 Kammschuppen in einer Längsreihe, Nacken und Vorderrücken unbeschuppt; ♂ zur Laichzeit dunkel gefärbt; **Flossenformel** R_1 6, R_2 13–14, A 7–9.

Lebensweise Rheophiler Bodenbewohner kleiner, klarer, schnell fließender Flüsse mit steinigem Untergrund; Friedfisch; Höhlenlaicher von Mai–Jun.

Vorkommen W-Italien (Toskana, Umbrien) in den Fließgewässereinzugsgebieten des Arno, Serchio, Sieve, Ombrone und Tiber allgegenwärtig.

Bestand heute In einigen Fließgewässern nach wie vor häufig, in andern durch Gewässerausbau und Wasserverschmutzung zurückgegangen. §

Wissenswert! Die zwischen Steinen und auf Sandgrund lebende I. G. kann sich, wie andere Grundelarten auch, mittels der zu einer Saugscheibe trichterartig verwachsenen B am festen Untergrund ansaugen. Zur Laichzeit bereitet das ♂ in flachem, strömendem Wasser einen Laichplatz unter einem unterhöhlten Stein vor. Mit seinen Br entfernt es feinen Sand. Das hinzuschwimmende ♀ heftet seine klebrigen Eier unter dem die Höhlendecke bildenden Stein an. Bis die ausgeschlüpften Larven schwimmfähig sind, werden sie vom ♂ bewacht.

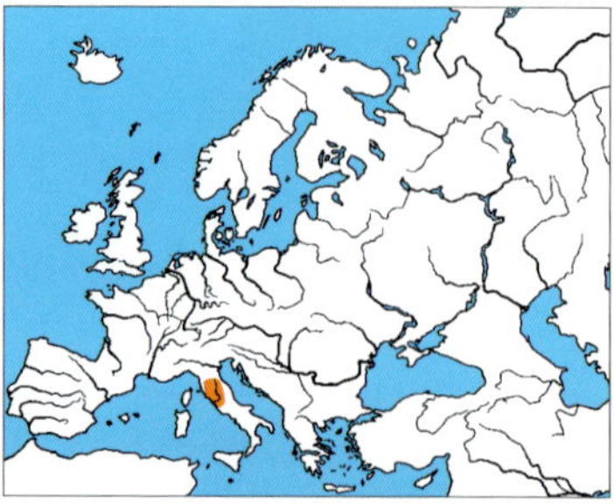

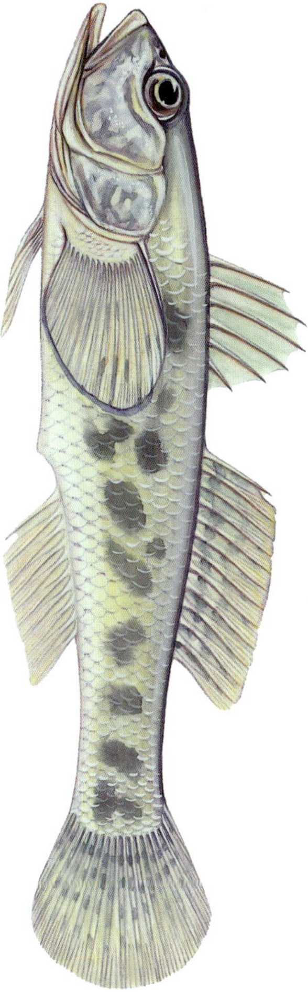

Italienische Grundel

Schwarzmundgrundel

Strandgrundel

Pomatoschistus microps

Länge 3–5(7) cm; spindelförmiger Körper mit hohem, wenig abgeflachtem Kopf; endständiges Maul schwach bezahnt; bis auf Brust- und vorderem Rückenbereich beschuppt.

39–52 Kammschuppen, vorn kleiner als hinten, in einer Längsreihe; ♂ zur Laichzeit mit dunkler Kehle und dunklem Fleck am Hinterende der R_1; **Flossenformel** R_1 5–7, R_2 9–12, Br 15–20, B 6, A 8–11, S 17.

Lebensweise Bodenbewohner flacher Küstengewässer, besonders gern im Brackwasser, sowie in Mündungen kleiner, den Sand durchschneidender Priele und Süßwasserläufe innerhalb der Gezeitenzone; Friedfisch; Höhlenlaicher von Apr–Aug; 650–3400 Eier pro ♀; am Ende des 1. Lebensjahrs geschlechtsreif; Lebensdauer 1,5–2,5 Jahre.

Vorkommen Küstenregion des O-Atlantiks, Ostsee, bis ins NW-Mittelmeer.

Bestand heute Stabil.

Wissenswert! Die S. lebt scharenweise auf weichem Schlick- und Sandgrund, in den sie sich eingräbt, bis nur noch die Augen herausschauen. Kleinkrebse bilden ihre wesentliche Nahrung. Das ♀ laicht in einem vom ♂ gesäuberten Hohlraum. Die birnenförmigen Eier werden unter dem Dach einer leeren Muschelschale oder unter einem Stein angeheftet. Das ♂ bewacht das Gelege. ♂ und ♀ laichen bis zu achtmal im Jahr, sodass die Bestandsdichte über den Sommer erheblich ansteigen kann.

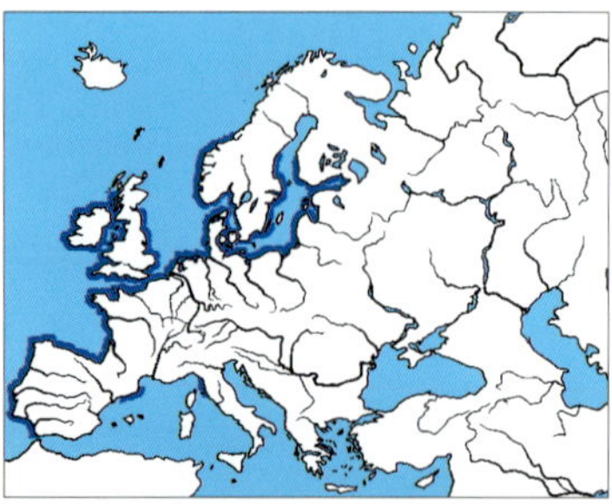

Marmorierte Grundel

Proterorhinus marmoratus

Länge 5–10(11) cm; gedrungener Körper mit kurzem, hohem Kopf; stumpfe Schnauze, enge Mundspalte; 2 ca. 1 mm lange Röhrchen vor den Nasenöffnungen; hoher Schwanzstiel.

36–48 Kammschuppen in einer Längsreihe; Nacken und oberer Teil der Kiemendeckel beschuppt; ♂ zur Laichzeit schwarz; **Flossenformel** R_1 6–7, R_2 15–19, Br 14–16, B 6, A 13–16.

Lebensweise Indifferenter Bodenbewohner des Süß- und Brackwassers; Friedfisch; Höhlenlaicher von Apr–Jun; mehrere Hundert Eier pro ♀, mit 1 Jahr geschlechtsreif; Höchstalter 5 Jahre.

Vorkommen In Flüssen und Ästuaren des Schwarzen Meeres (z. B. in der Donau bis D hinauf) und des Kaspischen Meeres sowie in Seen (z. B. Neusiedler See und Plattensee).

Bestand heute Stabil.

Wissenswert! Die M. G. befestigt sich mit ihrer aus den B gebildeten Haftscheibe an verschiedenen Gegenständen. Um sich fortzubewegen oder plötzlich nach Würmern, Insektenlarven und Kleinkrebsen zu schnappen, huscht sie ruckartig vorwärts. Die M. G. laicht unter Steinen oder Muschelschalen. Dicht an den Stein geschmiegt, klebt das ♀ eine Portion seiner Eier an dessen glatte Unterseite. Das ♂ folgt sofort und besamt die hängenden, birnenförmigen Eier. Nachdem etwa 90–100 Eier abgelegt sind, vertreibt das ♂ das ♀ und bewacht das Gelege.

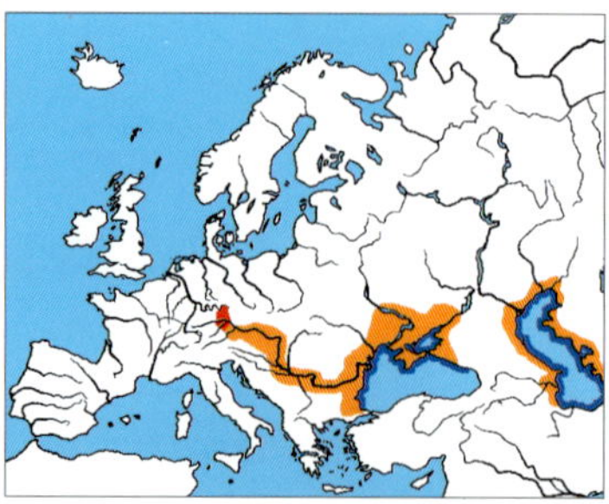

Marmorierte Grundel

Strandgrundel

Groppe, Koppe

Cottus gobio

Länge 10–15(18) cm; keulenförmiger, schuppenloser Körper mit breitem, abgeplattetem Kopf; endständiges Maul mit breiter Mundspalte und kleinen Bürstenzähnen.

Vollständige, bis zum Ansatz der S verlaufende Seitenlinie mit mindestens 30 Kanälchen; ♂ mit Genitalpapille; **Flossenformel** R_1 6–9, R_2 15–18, Br 13–14, B 3–5, A 10–15, S 11–13.

Lebensweise Stationärer Bodenbewohner sauberer, sauerstoffreicher Bäche und kleiner, flacher Flüsse mit steinigem Grund, aber auch in nährstoffarmen Seen mit steinigen Uferbereichen; Friedfisch; Höhlenlaicher von Mär–Apr; 100–300 Eier pro ♀; mit 1–2 Jahren ab 5–6 cm Länge geschlechtsreif; Höchstalter 6 Jahre.

Vorkommen Weit verbreitet von den Pyrenäen bis zum Ural; in Alpenseen des Rhône-, Rhein-, Po- und Donausystems bis zu 2200 Meter Höhe.

Bestand heute Durch oft nur geringfügige Wasserverschmutzung und Fließgewässerausbau reduziert bzw. lokal verschwunden. **RL§**

Wissenswert! Tagsüber hält sich die G. in Hohlräumen zwischen Steinen versteckt. Mit einsetzender Dämmerung lauert sie vor allem auf Insektenlarven. Die G., der eine Schwimmblase fehlt, huscht nur kürzere Strecken im Zickzack dahin. Das ♂ gräbt eine Höhle unter Steinen, an deren Unterseite das ♀ seine Eier in Klumpen anheftet. Das ♂ bewacht das Gelege.

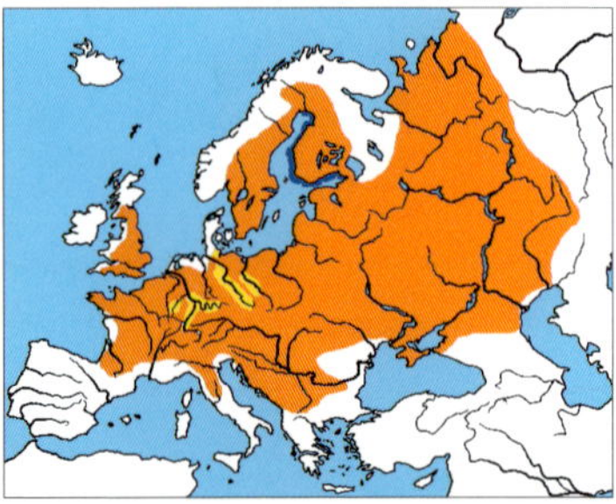

Sibirische Groppe, Buntflossenkoppe

Cottus poecilopus

Länge 7–9(13) cm; keulenförmiger, schuppenloser Körper mit breitem, abgeplattetem Kopf; endständiges Maul mit breiter Mundspalte und kleinen Bürstenzähnen.

Seitenlinie mit 20–25 Kanälchen; ♂ mit Genitalpapille; **Flossenformel** R_1 6–10, R_2 16–20, Br 12–16, B 5, A 11–15, S 11–13.

Lebensweise Stationärer Bodenbewohner sauberer, sauerstoffreicher, kühler Bäche und kleiner, flacher Flüsse mit steinigem Grund, aber auch in nährstoffarmen Seen mit steinigen Uferbereichen; Friedfisch; Höhlenlaicher von Feb–Apr; 200–1000 Eier pro ♀; mit 1–2 Jahren ab 5–6 cm Länge geschlechtsreif; Höchstalter 5 Jahre.

Vorkommen Vom Amurgebiet über Sibirien nach EU, hier in Schweden, in Dänemark im Quellgebiet der Skjernå, in einzelnen Seen im N von D östlich der Elbe sowie in Bergbächen und -flüssen des Karpatengebiets.

Bestand heute Durch Eutrophierung von Seen, Wasserverschmutzung und Fließgewässerausbau reduziert, in D ausgestorben. **RL**

Wissenswert! Die S. G. lauert in ihrem Versteck unter Steinen auf Beute, v. a. Insektenlarven und Kleinkrebse. Sie schießt auf diese los, schnappt sie und versteckt sich dann wieder. Beim Laichen klebt das ♀ seine kaum 1,5 mm großen Eier in einer vom ♂ errichteten Höhle klumpenweise an der Unterseite eines aufliegenden Steins an.

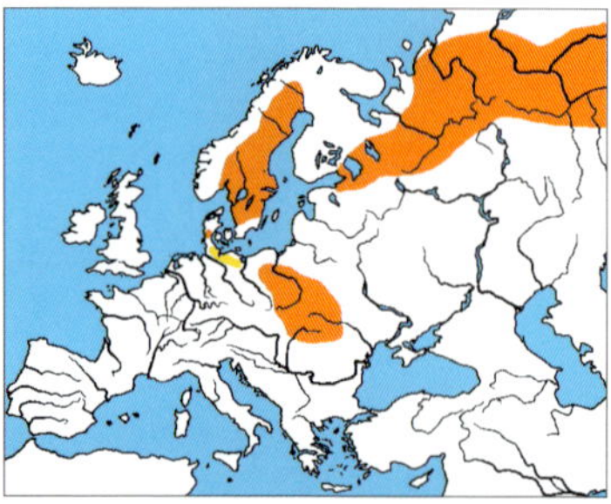

Sibirische Groppe, Buntflossenkoppe

Groppe, Koppe

Petitgroppe

Cottus petiti

Länge 3–5(6) cm; fast spindelförmiger, hinten seitlich abgeflachter, schuppenloser Körper mit abgeplattetem Kopf; endständiges Maul, breite Mundspalte; kleine Bürstenzähne.

Unvollständige Seitenlinie, die, stellenweise unterbrochen, bis zum Ansatz der S verläuft; **Flossenformel** R_1 5–7, R_2 15–16, A 11–13.

Lebensweise Rheophiler Bewohner der ersten etwa 3 km eines 28,5 km langen Karstflusses im Mittelmeergebiet. Als Nahrung dienen diesem Friedfisch Insektenlarven und kleine Krebstiere; Höhlenlaicher; ab 4 cm Länge geschlechtsreif; 20–70 Eier pro ♀.

Vorkommen Lez-Fluss in S-Frankreich.

Bestand heute Einige Tausend Individuen; gefährdet durch die Trinkwasserentnahme für die Stadt Montpellier und den Besatz mit der Groppe. §

Wissenswert! Die P. lebt versteckt in Hohlräumen zwischen den Steinen. Der Untergrund dieses in 64 m Höhe entspringenden Quellbachs ist steinig und kiesig. Seine Wt schwankt zwischen 14,5 und 17,5 °C bei einem Sauerstoffgehalt von 6,7–10,2 mg/l, sein Gefälle beträgt ca. 1,5 % und die Strömungsgeschwindigkeit liegt zwischen 20 und 70 cm/s. Das ♀ heftet seine Eier in einem Klumpen an die untere Fläche unterhöhlter Steine, das ♂ bewacht sie bis zum Schlüpfen. Die P. kommt vergesellschaftet mit Bachschmerle und Elritze vor.

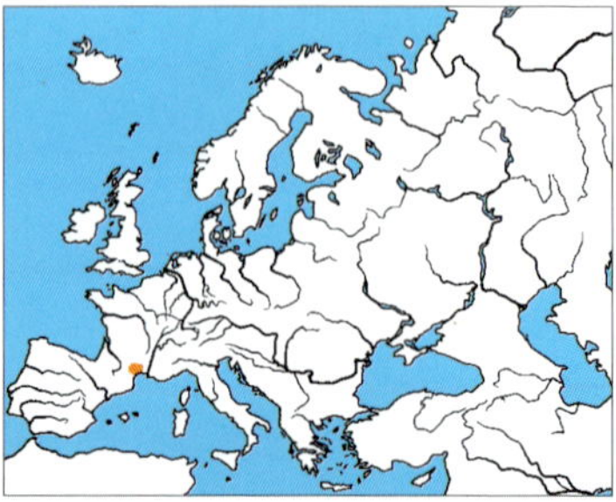

Vierhörniger Seeskorpion

Triglopsis quadricornis

Länge 15–30 cm, marine Formen bis 60 cm; kegelförmiger, schuppenloser Körper; endständiges Maul mit breiter Mundspalte und kleinen Bürstenzähnen.

4 große, graugelbe Knochenhöcker paarig auf dem breiten, abgeplatteten Kopf; eine oder mehrere Reihen von Knochenhöckern neben der Seitenlinie; 2 kleine Dornen oberhalb der Schnauze; keine Schwimmblase; **Flossenformel** R_1 7–9, R_2 13–16, Br 13–18, B 3–6, A 12–17.

Lebensweise Stationärer Bodenbewohner des Meeres, von Brackgewässern und einiger großer, tiefer, kalter, sauerstoffreicher Seen; Fried- und Raubfisch; Nestlaicher von Nov–Jan bei 1–5 °C Wt; 1000–6000 grünschwarze, selten rötliche Eier pro ♀; mit 2 Jahren geschlechtsreif.

Vorkommen Entlang der arktischen Küsten von EU, Asien und N-Amerika; in EU in der Ostsee bis in die finnische und bottnische Bucht; als Eiszeitrelikt in Seen in isolierten Beständen in Schweden, Finnland und Russland.

Bestand heute Weitgehend konstant.

Wissenswert! Der V. S. lebt in den Seen oft in großen Tiefen auf weichem Grund. Das ♂ besetzt einen Laichplatz, den es vertieft, säubert und mit Drohgebärden und Geräuschen gegen Nebenbuhler verteidigt. Das ♀ laicht seine gesamte Eimenge auf einmal ab. Die zu einem Klumpen verklebten Eier werden vom ♂ bis zum Schlupf bewacht.

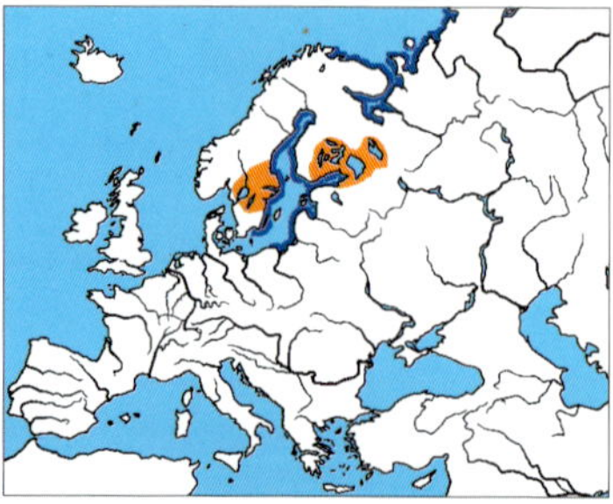

Petitgroppe

Vierhörniger Seeskorpion

Flunder, Butt

Platichthys flesus

Länge 20–30(55) cm; ovaler, sehr stark abgeflachter Körper; kleines, bezahntes Maul. Vollständige Seitenlinie über der Brust leicht gebogen.

Um 80 kleine Rundschuppen auf der Seitenlinie, stellenweise über ein Zwischenstadium aus Kammschuppen zu dornigen Warzen umgebildet; **Flossenformel** R 49–71, Br 7–13, B 4–7, A 33–48, S 14–18.

Lebensweise In Scharen auf Sandgrund lebender Bodenbewohner vorwiegend der Flachwassergebiete in Küstennähe, auch im Brackwasser, typischer Ästuarfisch und katadrom z. T. weit in Tieflandflüssen aufsteigend; Friedfisch; Freiwasserlaicher von Jan–Mai; 400 000–2 000 000 Eier pro ♀; mit 3–4 Jahren ab 20–35 cm Länge geschlechtsreif; Höchstalter 20 Jahre.

Vorkommen Vom Weißen bis zum Schwarzen Meer.

Bestand heute Unkritisch, jedoch begrenzen Querbauwerke in den Zuflüssen die Fraßwanderung.

Wissenswert! Der Salzgehalt in den Laichgebieten muss über 1 % betragen, da die Eier sonst absinken und verderben. So liegen die Laichplätze in der südlichen Nordsee in 20–40 m, die der westl. Ostsee in 40–100 m Tiefe. Die Eier treiben ebenso wie die Larven frei im Wasser. Diese gehen mit 10–12 mm Länge, noch bevor die Umwandlung zum Plattfisch ganz abgeschlossen ist, zum Bodenleben über. Die F. ernährt sich vor allem von Würmern und Muscheln.

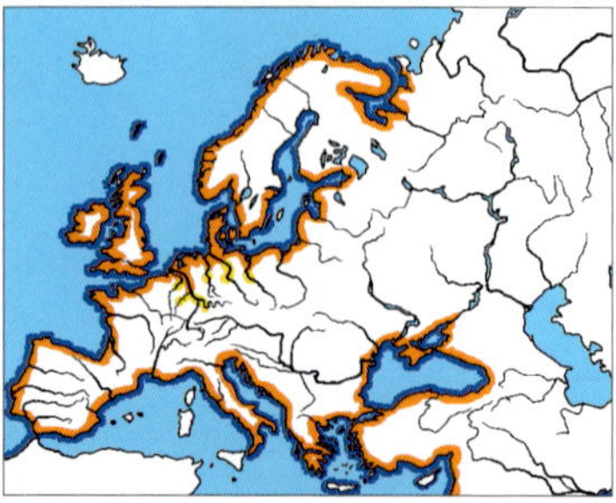

Polarscholle

Pleuronectes glacialis

Länge 15–25 (35) cm; länglich-ovaler, sehr stark abgeflachter Körper; rechtsäugig; kleines, bezahntes Maul; Haut von kleinen Rund- und Kammschuppen bedeckt, dornige Warzen fehlen.

73–76 Schuppen auf der vollständigen, mit einer sehr kleinen Kurve über der Br fast gerade verlaufenden Seitenlinie; 10–14 Reusendornen auf dem 1. Kiemenbogen (bei der Flunder dagegen 15–22); **Flossenformel** R 52–59, Br 10–12, B 6, A 39–42, S 18.

Lebensweise In Scharen auf weichem Grund lebender Bodenbewohner vorwiegend der Flachwassergebiete in Küstennähe, auch im Brackwasser und katadrom in den unteren Bereichen von Süßwasserzuflüssen vorkommend; Friedfisch; Freiwasserlaicher von Jan–Mai bei unter 0 °C Wt.

Vorkommen Arktische Küstengewässer von N-Norwegen und dem Weißmeergebiet entlang der russischen Küste bis Sibirien und N-Amerika, steigt z. B. in die Flüsse Wyg, Dwina und Indiga.

Bestand heute Stabil.

Wissenswert! Die P. pflanzt sich unter dem Eis der Küstengewässer fort. Die Eier und Larven treiben frei im Wasser. Als erste Nahrung dient ihnen tierisches Plankton. Zum Bodenleben übergegangen, ernährt sich die P. vor allem von Muscheln. In Süßwasserzuflüsse aufgestiegene Tiere verbleiben hier bis zu mehrere Jahre lang.

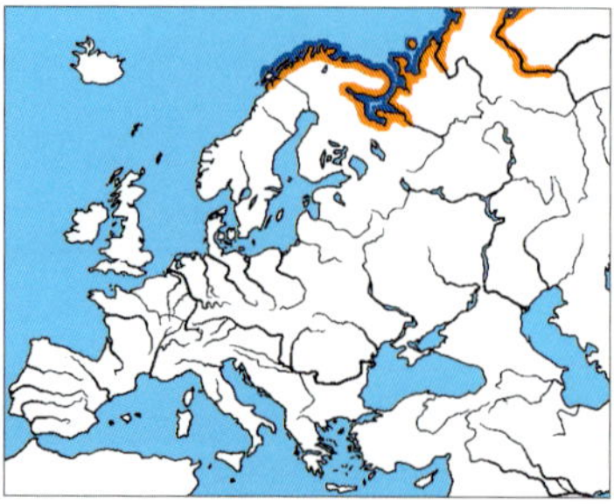

Polarscholle

Flunder, Butt

Artenverzeichnis

Literatur

ARNOLD, A. 1990: **Eingebürgerte Fischarten**. A. Ziemsen Verlag, Wittenberg, 144 S.

BANARESCU, P. (Hrsg.) 1999: **The Freshwater Fishes of Europe**. Vol. 5/I: Cyprinidae 2/I. Aula-Verlag, Wiebelsheim, 426 S.

BERG, L. S. 1933: **Übersicht der Verbreitung der Süßwasserfische Europas**. Zoogeographica 1, 107–208.

BLESS, R., A. LELEK & A. WATERSTRAAT 1998: **Rote Liste der in Binnengewässern lebenden Rundmäuler und Fische** (Cyclostomata & Pisces). Schriftenreihe für Landschaftspflege und Naturschutz, Heft 55, 53–59.

CRIVELLI, A. J. & P. S. MAITLAND (Hrsg.) 1995: **Endemic freshwater fishes of the northern Mediterranean region**. Biological Conservation, 72, 121–337.

DE NIE, H.W. 1996: **Atlas van de Nederlandse Zoetwatervissen**. Media Publishing Int., Doetinchem, 150 S.

DEMOLL, R. & H. N. MAIER (Hrsg.) 1926–1941 und 1957–1962: **Handbuch der Binnenfischerei Mitteleuropas**. – E. Schweizerbart'sche Verlagsbuchhandlung, Stuttgart, Bd. III A und B.

DOADRIO, I. (Hrsg.) 2001: **Atlas y Libro Rojo de los Peces Continentales de Spain**. – CSIC, Ministro de Medio Ambiente, Madrid, 364 S.

DUNKER, G., bearbeitet von W. Ladiges 1960: **Die Fische der Nordmark.** De Gruyter, Hamburg.

ECONOMIDIS, P. S. & P. M. BANARESCU 1991: **The distribution and origins of freshwater fishes in the Balkan peninsula especially in Greece**. Inter. Rev. Ges. Hydrobiol. 76 (2), 257–283.

FFH-Richtlinie 1992 (geändert 1997): **Richtlinie 92/43/EWG des Rates vom 21. Mai 1992 zur Erhaltung der natürlichen Lebensräume sowie der wildlebenden Tiere und Pflanzen.** Europäische Union, 24 Artikel und 6 Anhänge.

FIEDLER, K. 1991: **Fische**. Gustav Fischer Verlag, Jena, 498 S.

HOESTLANDT, H. (Hrsg.) 1991: **The Freshwater Fishes of Europe**. Vol. 2: Clupeidae, Anguillidae. Aula-Verlag, Wiesbaden, 447 S.

HOLCÍK, J. (Hrsg.) 1989: **The Freshwater Fishes of Europe**. Vol. 1/II: General Introduction to Fishes. Acipenseriformes. Aula-Verlag, Wiesbaden, 469 S.

HOLCÍK, J. 1991: **Fish Introductions in Europe with Particular Reference to its Central and Eastern Part**. Can. J. Fish. Aquat. Sci. 48, Suppl.1, 13–23.

HOLCÍK, J. et al. 1986: **The Freshwater Fishes of Europe**. Vol. 1/I: Petromyzontiformes. Aula-Verlag, Wiesbaden, 313 S.

KAUKORANTA, M. et al. 1998: **Atlas of Finnish Fishes**. – Helsinki, 40 S.

KEITH, P. & J. ALLARDI 2001: **Atlas des Poissons d'Eau Douce de France**. Publications Scientifiques du M. N. H. N., Paris, 387 S.

KIRCHHOFER, A. & D. HEFTI (Hrsg.) 1996: **Conservation of Endangered Freshwater Fish in Europe**. – Birkhäuser Verlag, Basel, 341 S.

KOTTELAT, M. & J. FREYHOF 2007: **Handbook of European Freshwater Fishes.** Publications Kottelat, Cornol, Switzerland, 646 S.

LADIGES, W. & D. VOGT 1979: **Die Süßwasserfische Europas bis zum Ural und Kaspischen Meer**. Verlag Paul Parey, Berlin, 2. Aufl., 250 S.

LELEK, A. 1987: **The Freshwater Fishes of Europe**. Vol. 9: Threatened Fishes of Europe. Aula-Verlag, Wiesbaden, 343 S.

MAITLAND, P. S. 2000: **Freshwater Fish of Britain and Europe**. – Hamlyn, London, 256 S.

MAITLAND, P. S. & R. N. CAMPBELL 1992: **The Freshwater Fishes of the British Isles**. Harper Collins Publishers, London, 368 S.

MUUS, B.J. & P. DAHLSTRÖM 1981: **Süßwasserfische Europas**. BLV Verlagsgesellschaft, München, 5. Aufl., 224 S.
PEDROLI, J. C., B. ZAUGG A. KIRCHHOFER 1991: **Verbreitungsatlas der Fische und Rundmäuler der Schweiz**. – Neuchâtel, 207 S.
PINTÉR, K. 1998: **Die Fische Ungarns**. Verlag Akademiai Kiado, Budapest, 230 S.
SPINDLER, T. et al. 1997: **Fischfauna in Österreich**. – Monographien Bd. 87, UBA Wien, 140 S.
TEROFAL, F. et al. 1996: **Süßwasserfische in europäischen Gewässern**. Mosaik Verlag, München, neue, bearbeitete Sonderausgabe, 287 S.
TROSCHEL, H. J. & BARTL, G. 1998: **Fische in Luxemburg**. – Luxemburg, 168 S.
VANDELANNOOTE et al. 1998: **Atlas van de Vlaamse Beek- en Riviervissen**. Wijnegem, 303 S.
WHITEHEAD, P. J. P. et al. 1984: **Fishes of the North-eastern Atlantic and the Mediterranean.** U. N. Educational, Scientific and Cultural Organization, Paris, 3 Bände, 1473 S.

Der Autor
Der Biologe Uwe Hartmann beschäftigt sich beruflich wie privat seit mehreren Jahrzehnten mit dem Schutz und der Förderung der einheimischen Fischfauna. Nach Beteiligung an Forschungsfahrten in Nord- und Ostsee führte sein Weg über Projektarbeiten sowie der Erstellung des amtlichen Fischartenkatasters in Fließgewässern und Seen in die Fischereiverwaltung des Landes Schleswig-Holstein. Im Dezernat Binnenfischerei der oberen Fischereibehörde gehört die fachliche Beratung der landesweiten Fischartenhilfsmaßnahmen zu seinen Aufgaben.

Der Herausgeber
Gunter Steinbach (†), geboren 1938, studierte bildende Künste in Hamburg und war Jahrzehnte im Verlagswesen tätig. Zuletzt lebte er auf seinem Einödhof im Allgäu, wo er sich praktisch und publizistisch der heimischen Natur widmete.

Bildquellen
Fotos:
Bildagentur Waldhäusl / Arco Images / Hinze: Titelfoto 1; fotolia.com / Daniel Schweinzer: Titelfoto 7; Axel Guthjahr: Titelfoto 6; Frank Hecker: Titelfoto 8, S. 12; iStockphoto.com / Drbouz: Titelfoto 3; iStockphoto.com / gmcoop: Titelfoto 5; iStockphoto.com / VMJones: Titelfoto 2; Rudolf König: Titelfoto 4, S. 6–9; Alfred Limbrunner: Umschlagrückseite links, S. 10, 11, 13;
Grafiken:
Dominique Rebourgeon: Zeichnungen S. 6–9; Steffen Walentowitz: Ergänzungen; Fritz Wendler: Bestimmungsbilder.

Bibliografische Information der Deutschen Nationalbibliothek
Die Deutsche Nationalbibliothek verzeichnet diese Publikation in der Deutschen Nationalbibliografie; detaillierte bibliografische Daten sind im Internet über http://dnb.d-nb.de abrufbar.

3. Auflage

Wollgrasweg 41, 70599 Stuttgart (Hohenheim)
Email: info@ulmer.de
Internet: www.ulmer.de
Lektorat: Ulf Müller, Köln; Ina Vetter; Christine Schneider
Umschlagentwurf: Summerer/Thiele, Stuttgart
Herstellung: Silke Reuter
XML-Workflow und Satz: pagina GmbH, Tübingen
Druck und Bindung: Offizin Andersen Nexö, Zwenkau
Printed in Germany

ISBN 978-3-8001-5936-9

Weitere Naturführer

192 Seiten
ISBN 978-3-8001-5933-8

192 Seiten
ISBN 978-3-8001-5980-2

192 Seiten
ISBN 978-3-8001-4653-6

192 Seiten
ISBN 978-3-8001-5931-4

192 Seiten
ISBN 978-3-8001-5655-9

192 Seiten
ISBN 978-3-8001-5932-1

384 Seiten
ISBN 978-3-8001-5934-5

384 Seiten
ISBN 978-3-8001-5935-2

Ganz nah dran Ulmer

Europäische Gewässer